Generis

PUBLISHING

FITOQUÍMICOS: NUTRIENTES CLAVE PARA LA SALUD Y LA PREVENCIÓN DE ENFERMEDADES

Pedro José González Matarín

Title: ***FITOQUÍMICOS: NUTRIENTES CLAVE PARA LA SALUD Y LA PREVENCIÓN DE ENFERMEDADES***

ISBN: 979-8-89966-374-1

Author: Pedro José González Matarín

Cover image: AI Generated

Publisher: Generis Publishing
Online orders: www.generis-publishing.com
Contact email: info@generis-publishing.com

INDICE

Introducción.

Desde tiempos remotos, los seres humanos han recurrido al entorno natural en busca de soluciones para tratar diversas afecciones y enfermedades. Aunque se menciona con frecuencia, resulta oportuno recordar que la medicina moderna evolucionó gracias a la aplicación de principios científicos sobre la herboristería. Hoy en día, los compuestos vegetales continúan siendo fundamentales para el desarrollo de moléculas capaces de tratar múltiples enfermedades. En los últimos años, los fitoquímicos han ampliado su alcance hacia ámbitos como los nutracéuticos y los alimentos funcionales. El objetivo principal ya no es simplemente curar enfermedades existentes, sino prevenir o retrasar la aparición de nuevas patalogías.

Los fitoquímicos, en su mayoría, son metabolitos secundarios de las plantas. Es decir, son compuestos sintetizados por las células vegetales que cumplen funciones más allá de las necesidades básicas de estas y contribuyen a la supervivencia integral de la planta como organismo. Algunos de estos compuestos proporcionan color o aroma, mientras que otros funcionan como moléculas de señalización tanto dentro de la planta como en sus interacciones con otros organismos. Miles de fitoquímicos se incorporan regularmente a la dieta en cantidades significativas, incluso en economías occidentales donde se cultivan y consumen un conjunto limitado de variedades vegetales.

Desde hace tiempo, frutas, verduras y cereales han sido reconocidos como fuentes fundamentales de vitaminas y minerales esenciales. Sin embargo, el interés por los beneficios potenciales de los fitoquímicos para la salud humana se incrementó gracias a estudios epidemiológicos que evidenciaron efectos protectores de los alimentos vegetales contra diversas enfermedades crónicas asociadas con el envejecimiento, especialmente el cáncer.

Un estudio destacado fue la revisión realizada por Block y sus colaboradores, quienes analizaron y resumieron investigaciones que correlacionaban el consumo de frutas y vegetales con una reducción en el riesgo de distintas formas de cáncer. Estos investigadores encontraron pruebas contundentes que sugerían que las personas con menor ingesta de frutas y verduras tenían cerca del doble de riesgo de desarrollar cáncer en comparación con aquellas que consumían estos alimentos en mayores cantidades. El Fondo Mundial para la Investigación del Cáncer resaltó evidencia convincente sobre los efectos protectores de las frutas y verduras contra el cáncer del tracto gastrointestinal superior, estómago y pulmón, así como el papel beneficioso de las verduras frente al cáncer colorrectal. Esto dio lugar a un incremento significativo en la investigación sobre las propiedades biológicas de los fitoquímicos.

Para que los fitoquímicos ejerzan un efecto positivo sobre la salud humana, es esencial que alcancen sus tejidos diana en concentraciones fisiológicamente relevantes. Algunos pueden actuar directamente en el lumen del tracto digestivo sin necesidad de atravesar el intestino ni entrar en la circulación sanguínea. En esta ubicación, podrían participar como antioxidantes o interactuar con células epiteliales intestinales. Este mecanismo localizado podría explicar los beneficios protectores de ciertos alimentos contra enfermedades digestivas, como el cáncer gástrico o colorrectal. No obstante, para que los fitoquímicos desempeñen un rol más amplio en la salud humana, es necesario que puedan atravesar el intestino y llegar al torrente sanguíneo en formas activas.

A pesar del interés en las plantas medicinales como opciones terapéuticas y en los fitoquímicos como potenciales bases farmacológicas, este libro no se centra exclusivamente en ese aspecto. Más bien, su énfasis recae en el papel esencial que los fitoquímicos desempeñan en el contexto de la dieta y la salud humana. Esto ha dado lugar a un significativo volumen de investigaciones sobre sus propiedades, desde el análisis de los mecanismos biológicos hasta estudios relacionados con el descubrimiento y la estabilidad de estos compuestos. Es fundamental contar con una visión general de los beneficios que los fitoquímicos aportan al bienestar humano, especialmente porque se ha demostrado que algunos pueden generar efectos tanto positivos como negativos en el organismo.

Evidencias recientes sugieren que ciertos fitoquímicos presentes en alimentos vegetales desempeñan un rol protector frente a enfermedades como el cáncer y las cardiopatías. No obstante, muchos expertos coinciden en que aún se necesita mayor evidencia científica para confirmar de manera consistente su capacidad para prevenir o retrasar la aparición de estas patologías. Además, hay que destacar el creciente interés de los consumidores en relación con la alimentación y la salud, esto ha impulsado notablemente la investigación sobre los efectos biológicos de estas sustancias, marcando un punto crucial en la comprensión y valorización de los fitoquímicos.

Capitulo 1. Conceptualización de los fitoquímicos.

Para sobrevivir y mantenernos activos, nuestro organismo necesita agua, oxígeno y nutrientes. Entre estos, los nutrientes se dividen en macronutrientes (carbohidratos, proteínas y grasas) y micronutrientes (vitaminas y minerales), conocidos como nutrientes esenciales. Sin embargo, existen otros nutrientes llamados no esenciales que desempeñan un papel crucial para la salud y el adecuado funcionamiento biológico, estos nutrientes son los fitoquímicos.

Los fitoquímicos son compuestos químicos presentes en las plantas que, aunque no tienen un papel nutricional directo, ofrecen propiedades protectoras y preventivas contra diversas enfermedades. Si bien no son indispensables para sostener la vida, se han identificado más de mil fitoquímicos distintos. Ejemplos destacados incluyen el licopeno de los tomates, las isoflavonas en la soja y los flavonoides de las frutas. Estos compuestos forman parte habitual de nuestra dieta, ya que están presentes en la mayoría de los alimentos naturales como granos integrales, vegetales, legumbres, frutas y hierbas. Por el contrario, suelen estar ausentes en alimentos refinados como el azúcar y el alcohol. Consumir más frutas (arándanos, cerezas, manzanas, etc.) y verduras (coliflor, repollo, zanahorias, brócoli, etc.) es una forma sencilla de aumentar la ingesta de fitoquímicos. Para una dieta saludable se recomienda consumir entre 5 y 9 porciones de frutas y verduras al día. Los beneficios que aportan los fitoquímicos a la salud son diversos. Sus propiedades incluyen efectos anticancerígenos, antimicrobianos, inmunoestimulantes, antioxidantes, antitrombóticos, antihipertensivos, hipocolesterolemiantes, hipoglucemiantes y antiinflamatorios.

En este contexto también surgen los llamados superalimentos, cuyo alto contenido de fitoquímicos les confiere propiedades especiales. Algunos ejemplos notables incluyen verduras de hojas verdes, ajo, algas, legumbres, aceite de oliva, cúrcuma, jengibre, nueces, naranja y cacao. El ajo es un ejemplo emblemático, conocido como un antibiótico natural que ayuda a prevenir inflamaciones en el estómago y a eliminar bacterias perjudiciales en los intestinos. Además, el ajo ofrece múltiples beneficios a nivel cardiovascular al disminuir la presión arterial, relajar los vasos sanguíneos, mejorar la circulación sanguínea en todo el cuerpo y reducir los niveles de colesterol. Por otro lado, el ajo tiene propiedades diuréticas que favorecen la eliminación de líquidos y toxinas del organismo. Su acción antiséptica, antifúngica, antimicrobiana y antiviral lo convierte en un auténtico aliado para la salud integral.

Capítulo 2. Clasificación de los fitoquímicos.

Los fitoquímicos desempeñan múltiples funciones bioquímicas y fisiológicas y se clasifican en diferentes grupos (Figura 1). Las plantas albergan combinaciones complejas de fitoquímicos que tienen un elevado potencial para interaccionar entre sí. Los metabolitos secundarios representan una categoría especialmente diversa, caracterizada por su amplia variabilidad en número, estructura y distribución.

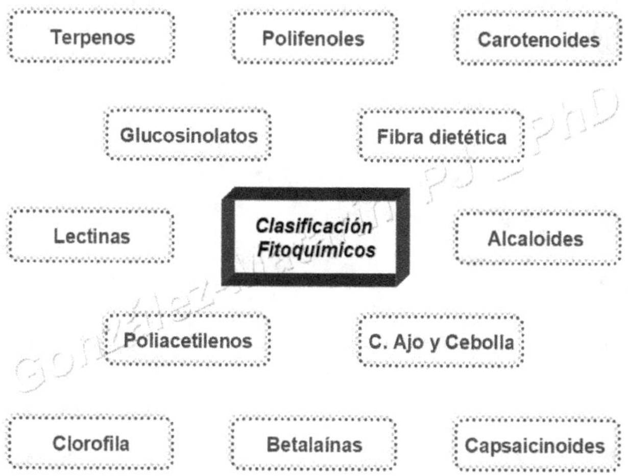

Figura 1. Clasificación de los fitoquímicos.

2.1. Terpenos.

Tradicionalmente, cualquier compuesto natural derivado de subunidades de isopreno, mayoritariamente procedente de plantas, recibe la clasificación de terpeno. Todos los organismos vivos generan terpenos como parte de funciones fisiológicas esenciales, lo que les confiere la capacidad de producir diversos productos naturales basados en estos compuestos. Los terpenos representan el grupo más extenso de productos naturales existente, abarcando aproximadamente 36.000 estructuras identificadas. Sin embargo, solo una pequeña proporción de estas ha sido estudiada desde una perspectiva funcional.

La clasificación de los terpenos depende del número de unidades isoprenoides presentes en su estructura. En las plantas, los terpenos participan en funciones fundamentales que abarcan procesos como el crecimiento, el desarrollo, la reproducción y la defensa. Entre los más reconocidos se encuentran las giberelinas, un grupo de fitohormonas diterpénicas responsables de regular la germinación de las semillas, el alargamiento del tallo y la inducción floral. Otro ejemplo significativo es el ácido abscísico, una hormona terpenoide que no se clasifica como un terpeno inferior debido a que se genera a partir de la oxidación y escisión de un precursor carotenoide.

2.2. Polifenoles.

Los polifenoles son metabolitos secundarios de las plantas y representan los antioxidantes más abundantes en la dieta humana. Se caracterizan por tener un anillo aromático con uno o más grupos hidroxilo y se dividen en dos grupos principales: flavonoides y no flavonoides. Los flavonoides incluyen compuestos como flavanonas, flavonas y antocianidinas, mientras que los no flavonoides se clasifican según el número de carbonos e incluyen fenoles simples, ácidos benzoicos y taninos, entre otros.

2.3. Carotenoides.

Los carotenoides son pigmentos liposolubles con propiedades antioxidantes y funciones fisiológicas, como la inmunoestimulación. Se clasifican en xantófilas y carotenos. En humanos, ciertos carotenoides actúan como vitaminas y antioxidantes, y su consumo está asociado con una mejor salud y menor mortalidad por enfermedades crónicas.

2.4. Glucosinolatos.

Los glucosinolatos son compuestos orgánicos que contienen azufre y nitrógeno, derivados de la glucosa y un aminoácido, presentes en diversas plantas, especialmente en las familias Cruciferae, Resedaceae y Capparidaceae. Desde el aislamiento de la sinalbina en 1831, se han caracterizado más de 100 tipos de glucosinolatos. Las plantas que contienen glucosinolatos son: la mostaza blanca, el rábano, el brócoli y la coliflor, entre otras.

Los glucosinolatos han demostrado tener propiedades quimioprotectoras, bloqueando la iniciación de tumores en tejidos como el hígado, el colon y la glándula mamaria. Su efecto protector se debe a la inducción de enzimas de fase I y II, que facilitan la desintoxicación de carcinógenos, inhibiendo la activación de enzimas que activan carcinógenos y modificando el metabolismo de hormonas esteroides. Además, los metabolitos de glucosinolatos protegen contra el daño oxidativo, contribuyendo así a la prevención del cáncer.

2.5. Fibra dietética.

La fibra dietética comprende las partes comestibles de los alimentos que son resistentes a la digestión y absorción en el intestino delgado, siendo fermentados total o parcialmente en el intestino grueso. Dentro de este grupo se incluyen los polisacáridos, oligosacáridos, lignina y otros compuestos vegetales asociados. Estas fibras poseen efectos fisiológicos beneficiosos, como la mejora del tránsito intestinal, la reducción de los niveles de colesterol en sangre o el control de la glucemia.

Según Cummings, los beneficios de la fibra dietética para la salud no están asociados de manera exclusiva a ninguna enfermedad específica. Sin embargo, el estreñimiento es la condición que más se relaciona con sus efectos positivos, debido a sus comprobadas propiedades funcionales y fisiológicas en diversas fibras concretas:

- Aumento del volumen fecal o producción de heces mediante la ingesta de ispágula, goma xantana y salvado de trigo.
- Reducción de la respuesta glucémica postprandial mediante la ingesta de goma guar y de β-glucanos.
- Disminución del colesterol LDL plasmático mediante la ingesta de goma guar, β-glucanos, salvado de avena, pectinas y psyllium.

Aunque se han estudiado otros efectos, como los relacionados con la salud colónica mediante los productos derivados de la fermentación, estos aún no han sido demostrados en humanos, aunque existen evidencias amplias basadas en estudios in vitro o modelos animales.

2.6. Lectinas.

Las lectinas son proteínas que actúan como transportadoras de carbohidratos y se diferencian de las enzimas y los anticuerpos. Se encuentran en la mayoría de los organismos vivos, incluyendo virus, bacterias, plantas y animales. Estas proteínas desempeñan un papel crucial en varios procesos biológicos a través de diversas especies. Entre sus funciones más destacadas se incluyen la depuración de glucoproteínas en el sistema circulatorio, la adhesión de agentes infecciosos a las células huésped y el reclutamiento de leucocitos hacia sitios inflamatorios. Además, las lectinas están involucradas en las interacciones celulares dentro del sistema inmunitario, así como en procesos relacionados con la metástasis.

2.7. Alcaloides.

Los alcaloides son destacados metabolitos secundarios de defensa en plantas, con más de 21.000 identificados, siendo el grupo más extenso de compuestos nitrogenados secundarios. Generalmente, aparecen mezclados, combinando alcaloides principales y secundarios derivados de la misma unidad biosintética.

2.8 Poliacetilenos.

Antes considerados tóxicos, los poliacetilenos ahora se vinculan a beneficios para la salud en bajas dosis, mostrando potencial anticancerígeno, especialmente los aislados de zanahorias. Se han identificado más de 1.400 poliacetilenos, predominando el tipo falcarinol que posee propiedades anticancerígenas y se encuentra en plantas como zanahoria, apio, nabo y perejil. Otros poliacetilenos se encuentran en plantas como Centella asiática, Panax quinquefolium y Bidens pilosa.

2.9. Compuestos del ajo y la cebolla.

Las primeras investigaciones sobre los compuestos del ajo identificaron principios volátiles. Sin embargo, fue en el laboratorio de Stroll y Seebrook en 1948 donde se identificó el primer compuesto precursor estable que es la aliina. La aliina es el compuesto de azufre responsable del olor producido en el ajo machacado o cortado.

En el laboratorio de Virtanen y Matikkala fueron identificados 3 sulfóxidos presentes en los tejidos de cebolla: la metiina, la propiina y la isoalliina. La isoalliina es el principal sulfóxido presente en los tejidos de la cebolla y el responsable del efecto lacrimógeno de la cebolla.

2.10. Clorofila.

La clorofila es un pigmento verde presente en la mayoría de las plantas, algas y cianobacterias. Este compuesto es esencial para la fotosíntesis, el proceso mediante el cual las plantas convierten la luz solar en energía. La clorofila absorbe principalmente la luz azul del espectro electromagnético, seguida de la roja, mientras que su capacidad de absorción de las frecuencias verdes es escasa, lo que explica el característico color verde de las estructuras que la contienen.

Las clorofilas son compuestos bioactivos que se caracterizan por sus múltiples beneficios para la salud, incluyendo propiedades antiinflamatorias, anticancerígenas y una alta actividad antioxidante. Además, se utilizan como colorantes alimentarios naturales y poseen propiedades cicatrizantes y antimutagénicas. A pesar de sus ventajas, las clorofilas presentan desventajas como la inestabilidad y la baja utilización, lo que limita su aplicación. Sin embargo, el aumento de la conciencia sobre sus beneficios ha incrementado la demanda de pigmento de clorofila.

2.11. Betalaínas.

Las betalaínas son las responsables de los colores rojo intenso y amarillo presentes en especies como la remolacha, la buganvilla, el amaranto y ciertos cactus. Se clasifican como compuestos derivados del indol.

Las betalaínas se dividen en dos categorías principales: las betacianinas, que abarcan los pigmentos rojizos y violetas; y las betaxantinas, responsables de los tonos amarillos y anaranjados. Entre las betaxantinas conocidas se incluyen vulgaxantina, miraxantina, portulaxantina e indicaxantina.

Las fuentes alimenticias más comunes de betalaínas son la remolacha roja y amarilla, la acelga colorada, el amaranto utilizado tanto en grano como en hojas y los frutos de cactus.

2.12. Capsaicinoides.

Los capsaicinoides son compuestos nitrogenados producidos por los frutos del pimiento responsables de causar una sensación de ardor al consumirlos. Además de su uso culinario, poseen propiedades antimicrobianas útiles para conservar alimentos y aplicaciones médicas destacables como analgésicos. Se han empleado con éxito en el tratamiento de diferentes tipos de dolor, como artritis, cefaleas y dolor neuropático. El efecto analgésico de los capsaicinoides depende de la dosis administrada y actúa específicamente sobre receptores que transmiten estímulos dolorosos, denominados nociceptores polimodales.

Capítulo 3. Fitoquímicos y sus efectos promotores de salud.

A principios de la década de 1990 comenzó a surgir evidencia sólida sobre los efectos protectores de los alimentos de origen vegetal frente al cáncer y las enfermedades cardiovasculares desencadenando un aumento significativo en la investigación sobre los fitoquímicos y sus efectos biológicos. Sin embargo, la Agencia Internacional para la Investigación del Cáncer planteó conclusiones más conservadoras respecto a los beneficios del consumo de frutas y verduras, mostrando una evidencia limitada sobre los efectos preventivos del consumo de estos alimentos frente a ciertos tipos de cáncer: boca, faringe, esófago, estómago, colorrectal, laringe, pulmón, ovario, vejiga y riñones.

Este enfoque más reservado respecto al papel protector de las frutas y verduras contra el cáncer ha prevalecido en investigaciones posteriores. El informe realizado con los datos del Estudio Prospectivo Europeo sobre Cáncer y Nutrición (EPIC) reveló un efecto preventivo estadísticamente significativo pero moderado en personas que consumían mayores cantidades de frutas y verduras presentando un 10 % menos de riesgo general de padecer cáncer en comparación con aquellas personas que realizaban una ingesta baja en frutas y verduras.

Por otra parte, el vínculo entre el consumo de frutas y verduras y la reducción del riesgo de enfermedad coronaria ha sido menos estudiado que su relación con el cáncer. Sin embargo, investigaciones recientes apuntan a un nivel de protección comparable. Un metaanálisis realizado por Dauchet y colaboradores en 2006 concluyó que el riesgo de enfermedad coronaria disminuía en un 4 % por cada porción adicional diaria de verduras consumidas y en un 7 % por cada porción extra de fruta.

3.1. Los fitoquímicos como antioxidantes.

Los radicales libres (Figura 2) son moléculas altamente reactivas y de vida corta, producidas por diversos procesos biológicos, como la inflamación o como subproducto del metabolismo oxidativo normal. Durante su breve existencia, estas especies interactúan intensamente con macromoléculas como lípidos, proteínas y ácidos nucleicos, ocasionando daños estructurales y alterando sus funciones. Para contrarrestar su impacto, las células de los mamíferos han desarrollado un sofisticado sistema de defensas antioxidantes que protege dichas macromoléculas del daño causado por los radicales libres.

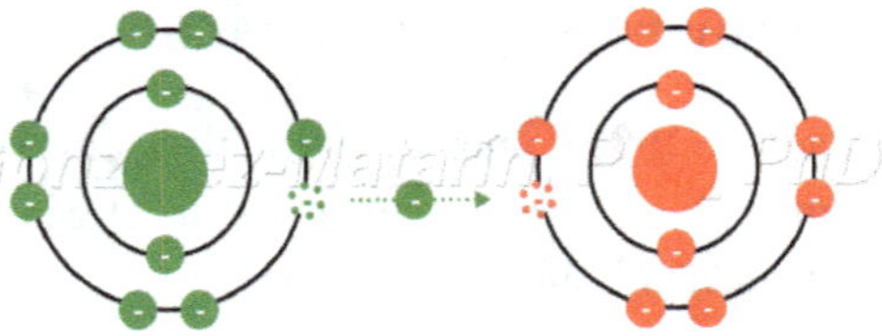

Figura 2. Radical libre alterando molécula estable.

No obstante, se estima que la formación de aductos oxidativos en el ADN debido a radicales como el hidroxilo (OH^-) generado a partir del H_2O_2 en presencia de hierro, óxido nítrico (NO) y peroxinitrito ($ONOO^-$) alcanza un nivel estacionario de aproximadamente 66.000 aductos por célula. Este daño acumulativo puede derivar en mutaciones provocadas por reparaciones defectuosas del ADN y roturas de la doble hélice. Además, las interacciones con radicales libres pueden inducir lesiones oxidativas en proteínas como la p53, que regula la proliferación celular y la apoptosis, favoreciendo así el desarrollo de tumores.

En el contexto vascular, niveles elevados de radicales libres también se generan durante la progresión de diversas enfermedades. Por ejemplo, el superóxido interactúa con el NO para formar peroxinitrito, lo que altera procesos mediados por el NO que son críticos para el mantenimiento de la salud vascular.

Las frutas y verduras son fuentes ricas en antioxidantes, nutrientes esenciales que ayudan a combatir los efectos nocivos de los radicales libres. Entre ellos está el ascorbato, un potente donador de electrones que actúa como agente reductor en múltiples reacciones. Por otro lado, la vitamina E, un importante antioxidante liposoluble que se acumula principalmente en las membranas celulares, ejerce su función al interactuar con radicales libres lipídicos. Así, previene las reacciones en cadena de peroxidación y protege la integridad de las membranas celulares. Asimismo, varios polifenoles naturales actúan como antioxidantes interrupiendo dichas cadenas reactivas de manera similar a como lo hace la vitamina E.

La alta actividad antioxidante observada en los polifenoles, ha planteado la hipótesis de que los efectos protectores asociados al consumo de frutas y verduras contra enfermedades cardiovasculares y cáncer podrían estar vinculados directamente al fortalecimiento de las defensas antioxidantes del cuerpo. Se han realizado estudios en humanos para evaluar los beneficios directos de la suplementación dietética con antioxidantes, midiendo parámetros como la actividad antioxidante en plasma o tejidos específicos, así como biomarcadores relacionados con el daño oxidativo. Un método ampliamente empleado en estas investigaciones es el método ORAC, que consiste en someter un producto alimenticio a un agente oxidante, y luego se mide la capacidad general de ese alimento para resistir la oxidación.

En un estudio realizado por Cao y colaboradores se aplicó el método ORAC para monitorizar los efectos del consumo de frutas y verduras sobre la capacidad antioxidante plasmática en un grupo de voluntarios sanos no fumadores. En el estudio se aplicaron 2 dietas: una con 10 porciones diarias de frutas y verduras durante 15 días y otra con 2 porciones extra diarias de brócoli. Todos los participantes mostraron incrementos significativos en la capacidad antioxidante plasmática tras consumir ambas dietas. Estos incrementos se asociaron con mayores niveles de β-tocoferol (vitamina E) en el plasma. Sin embargo, los datos indicaron que este aumento no podía atribuirse exclusivamente a los nutrientes antioxidantes presentes en las dietas. Los autores teorizaron que los fitoquímicos, especialmente los flavonoides, eran los principales responsables del efecto observado.

Lotito y sus colaboradores argumentaron que el aumento de la capacidad antioxidante plasmática provocado por el consumo de frutas y verduras está mayoritariamente relacionado con un incremento en los niveles plasmáticos de urato. Este compuesto, derivado del metabolismo de las purinas, puede alcanzar concentraciones plasmáticas cercanas a 0,5 mM/L. Investigaciones previas lideradas por Ames en 1981 ya habían demostrado que el ácido úrico es un potente antioxidante, representando una parte considerable de la actividad antioxidante del plasma humano. Dado que los flavonoides poseen una baja biodisponibilidad y rara vez alcanzan concentraciones significativas en el plasma humano, es improbable que contribuyan sustancialmente a la actividad antioxidante tras ingerir frutas y verduras convencionales.

Adicionalmente, se ha evidenciado que los niveles plasmáticos de urato aumentan después del consumo de alimentos ricos en fructosa debido a su metabolismo por medio de la fructoquinasa, lo cual favorece la producción de fructosa 1-fosfato y acelera la degradación del monofosfato de adenosina hacia urato. Este incremento temporal de urato podría ser la causa principal del aumento posprandial en la capacidad antioxidante observado tras consumir manzanas y otros alimentos ricos en fructosa.

3.2 Bloqueo y supresión del crecimiento de tumores.

El cáncer se desarrolla en múltiples etapas, iniciando con daño al ADN (Figura 3) en una célula en división. Estas células afectadas son más propensas a mutaciones adicionales, adquiriendo un fenotipo anormal que facilita la migración y la formación de tumores secundarios. Wattenberg estudió cómo ciertas sustancias químicas presentes en los alimentos inhiben este proceso, clasificándolas como agentes bloqueantes o supresores. Los bloqueantes previenen el daño inicial al ADN al inhibir la activación de carcinógenos o promover su excreción, mientras que los supresores actúan en etapas avanzadas de progresión.

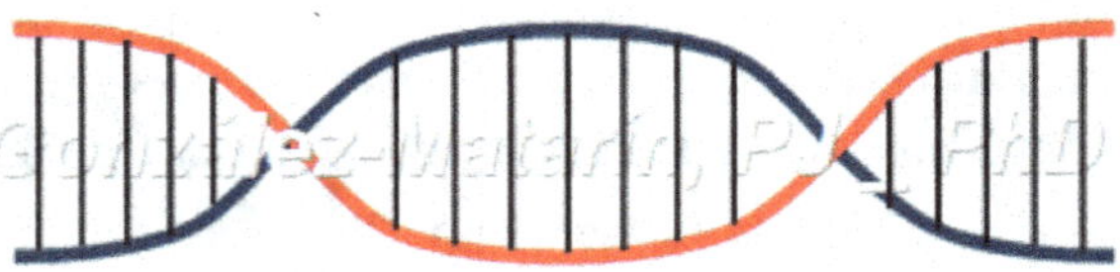

Figura 3. ADN.

Se han estudiado los efectos anticancerígenos de fitoquímicos en células. Por ejemplo, compuestos como el indol-3-carbinol de vegetales Brassica alteran el metabolismo del carcinógeno NNK del humo del tabaco, reduciendo su impacto pulmonar y fomentando su eliminación por vías hepáticas y urinarias.

La exposición prolongada a carcinógenos, como los presentes en el humo del cigarrillo, conlleva inevitablemente la acumulación de daño genético y el surgimiento de eventos moleculares que impulsan el desarrollo del cáncer. Este proceso incluye la aparición de mutaciones y anomalías genéticas que resultan en una expresión génica cada vez más anormal.

Durante la etapa conocida como promoción del desarrollo del cáncer, las células experimentan una proliferación y diferenciación desregulada, además de una disminución en su capacidad para llevar a cabo apoptosis, un mecanismo de muerte celular programada. Con el tiempo, las células sobreviven y alcanzan un fenotipo canceroso completo. Sin embargo, existen mecanismos biológicos que los fitoquímicos pueden activar para interrumpir o retrasar este proceso, contribuyendo a la supresión tumoral. Por ejemplo, la inflamación se ha identificado como un importante factor de riesgo para ciertos tipos de cáncer, y se ha demostrado que el uso prolongado de aspirina y otros antiinflamatorios reduce significativamente el riesgo de cáncer de colon y otras localizaciones. Este creciente reconocimiento ha llevado al estudio de los mecanismos moleculares de la inflamación, su relación con procesos oncogénicos y el potencial de los fitoquímicos para bloquear estos mecanismos.

Un componente clave de los procesos inflamatorios en enfermedades humanas es el factor de transcripción nuclear NF-κB (factor nuclear kappa B). La sobreexpresión crónica y anormal del NF-κB se reconoce como un factor esencial en la promoción y crecimiento de diversos tipos de tumores. Estudios han demostrado que varios metabolitos secundarios de plantas, como el resveratrol, la curcumina, el limoneno, la glicirricina, el gingerol, el indol-3-carbinol, la genisteína y la apigenina, inhiben diferentes etapas de la vía reguladora del NF-κB. Por ejemplo, la curcumina suprime la activación de la IKK inducida por el TNF.

Otro componente crítico relacionado con la inflamación es la enzima ciclooxigenasa, que existe en dos formas: COX-1 y COX-2. La COX-1 está presente en tejidos sanos y participa en funciones importantes como la agregación plaquetaria y la protección gástrica. En cambio, la COX-2 está involucrada en procesos inflamatorios. Una de las consecuencias de la actividad anormal del NF-κB es el aumento en la expresión de COX-2, lo que sugiere que su inhibición podría ser una vía efectiva para controlar la inflamación relacionada con el cáncer.

Diversos fitoquímicos también funcionan como inhibidores naturales de COX. Uno de los ejemplos más antiguos y reconocidos es el salicilato, originalmente aislado del sauce. Tanto COX-1 como COX-2 son inhibidas por la aspirina, un derivado acetilado del salicilato. La aspirina bloquea estas enzimas mediante una acetilación irreversible a través del grupo hidroxilo de un residuo específico de serina. También actúa sobre NF-κB al reducir la actividad de IKK. Además, muchos flavonoides han demostrado ser efectivos al inhibir la COX-2 directamente o al regular su transcripción por vías como la activación del receptor PPAR gamma o mediante inhibición del NF-κB. Investigaciones han confirmado que los metabolitos de flavonoides presentes en plasma humano inhiben eficazmente la transcripción de COX-2. Entre estos metabolitos destacan el 3-glucurónido de quercetina, el 3'-sulfato de quercetina y el 3'-metilquercetina 3-glucurónido.

En etapas avanzadas del cáncer, los fitoquímicos anticancerígenos pueden frenar el crecimiento tumoral al inhibir la proliferación celular o inducir apoptosis.

Las proteínas Wnt regulan la proliferación celular mediante la señalización de β-catenina, crucial en la morfología intestinal. Su función depende de la interacción con receptores Frizzled y LRP, controlando niveles de β-catenina en el citoplasma. En células normales, la β-catenina se degrada mediante fosforilación y mantiene un equilibrio estable, mientras que en células cancerosas, este mecanismo falla, favoreciendo la activación nuclear de β-catenina y sus efectos sobre genes como el gen de la COX-2.

El té verde (Figura 4), compuesto por EGCG, y otros fitoquímicos como quercetina han demostrado reducir la actividad nuclear de β-catenina en modelos in vitro y animales. Además, el té verde ha inhibido el desarrollo tumoral en ratones con cáncer colorrectal.

Figura 4. Té verde.

Las células tumorales evitan la apoptosis, clave para eliminar anomalías genéticas y frenar el crecimiento tumoral. Fitoquímicos como los organosulfurados del ajo y los isotiocianatos de las crucíferas inducen apoptosis y bloquean mitosis tanto in vitro como in vivo. Compuestos como el sulforafano amplifican esta respuesta en tejidos epiteliales, como se evidenció en ratas tratadas con sinigrina y dietas ricas en coles de Bruselas tras exposición química a dimetilhidrazina.

3.3 Modificación de la fisiología cardiovascular.

Las enfermedades cardiovasculares, incluyendo la cardiopatía coronaria y el accidente cerebrovascular, representan una de las principales causas de muerte y discapacidad prolongada en los países desarrollados, similar al impacto del cáncer. Se han realizado esfuerzos significativos para entender sus fundamentos a nivel celular y molecular. Todos los vasos sanguíneos, desde los grandes hasta los pequeños como los capilares, están revestidos por células epiteliales escamosas que conforman el endotelio, una estructura clave para mantener la fisiología vascular normal gracias a sus funciones de barrera y regulación de la vasodilatación.

La disfunción de estos mecanismos fisiológicos, junto con la inflamación endotelial, desempeña un papel crucial en el desarrollo de enfermedades cardiovasculares. En este contexto, existe interés creciente en el impacto potencial de los fitoquímicos sobre la salud vascular. La idea de que los fitoquímicos podrían contribuir a la prevención de estas patologías surgió a raíz de estudios epidemiológicos que evidenciaron un menor riesgo de enfermedad entre personas que consumían grandes cantidades de frutas y verduras.

La vasodilatación dependiente del endotelio está controlada principalmente por el óxido nítrico (NO). Mantener niveles óptimos de NO en los tejidos endoteliales es esencial para la salud vascular debido a su capacidad para relajar el músculo liso, prevenir la agregación plaquetaria e inhibir la expresión de citocinas y factores inflamatorios regulados por el factor NF-κB, responsables de la formación de placas ateroscleróticas.

El interés por los fitoquímicos se incrementó tras evidencias que demostraban cómo el vino tinto o sus polifenoles inducía la dilatación de vasos sanguíneos aislados, mediada por NO, en estudios in vitro. Más adelante se confirmó que este efecto se debía a que los polifenoles presentes en el vino tinto provocaban una producción sostenida de NO.

El cacao en polvo es una de las principales fuentes de flavonoides biológicamente activos disponibles para la industria alimentaria, especialmente procianidinas oligoméricas. En un estudio realizado en 2003 por Fisher y colaboradores, se administraron aproximadamente 821 mg diarios de flavonoides, incluyendo epicatequina, catequina y procianidinas oligoméricas, para evaluar su efecto sobre la vasodilatación periférica. Los resultados mostraron que la suplementación con cacao produjo una vasodilatación significativa, la cual se vio revertida tras la administración de un inhibidor de la enzima óxido nítrico sintetasa. Aunque el chocolate es reconocido como un producto hipercalórico que contiene altos niveles de sacarosa y grasa, datos epidemiológicos evidencian una relación inversa entre su consumo y la incidencia de enfermedad coronaria en Estados Unidos.

Por otro lado, el té, tanto negro como verde, está entre las bebidas más consumidas a nivel mundial y representa una fuente importante de flavonoides activos en la dieta.

A diferencia del vino tinto o el cacao, su consumo no implica riesgos relevantes de ingesta excesiva de calorías o alcohol. Los estudios epidemiológicos también han señalado una relación inversa entre el consumo de té y el riesgo de enfermedad coronaria.

Capítulo 4. Importancia del consumo de frutas y vegetales en la salud humana.

La creciente prevalencia de enfermedades crónicas como el cáncer y las afecciones cardiovasculares, especialmente en países industrializados, ha reforzado la importancia de la dieta en la promoción de la salud. Se estima que aproximadamente un tercio de los casos de cáncer y hasta la mitad de las enfermedades cardiovasculares tienen relación con los hábitos alimenticios. Numerosos estudios epidemiológicos han identificado una relación inversa entre el consumo de frutas y verduras y la incidencia de estas enfermedades, indicando que quienes eliminan o limitan severamente estos alimentos en su dieta tienen un mayor riesgo de desarrollarlas. Esto ha generado un interés creciente en los beneficios para la salud asociados al consumo regular de frutas y verduras, así como en el análisis detallado de los tipos, cantidades y mecanismos detrás de los componentes nutricionales presentes en estos alimentos.

En términos históricos, las frutas y verduras han sido reconocidas como fuentes indispensables de micronutrientes y fibras esenciales para la dieta. Más recientemente, se han destacado por su riqueza en fitoquímicos, compuestos bioactivos que, individualmente o en conjunto, pueden tener un impacto significativo en la salud. Esto ha llevado a considerar a las frutas y verduras como alimentos funcionales debido a sus propiedades potencialmente protectoras. Uno de los mecanismos más relevantes se centra en la actividad antioxidante de muchos fitoquímicos, que incluye sustancias como ácido ascórbico, carotenoides y compuestos fenólicos. En particular, los polifenoles, presentes en alimentos como el té, el vino, las frutas y las verduras, son conocidos por su fuerte actividad antioxidante in vitro, lo que puede desempeñar un papel crucial en la prevención de enfermedades. Los fitoquímicos con propiedades anticancerígenas y beneficios preventivos se conocen como quimiopreventores y actúan mayormente mediante la neutralización de radicales libres gracias a sus propiedades antioxidantes. Entre los más estudiados se encuentran vitaminas, polifenoles, carotenoides, clorofilas, flavonoides y betalaínas.

La evidencia sugiere que el efecto del consumo de frutas y verduras sobre la salud no sólo radica en sus componentes individuales, sino también en cómo estos actúan conjuntamente de manera sinérgica. Al consumir una dieta rica en frutas y verduras, aumentan las concentraciones sanguíneas de antioxidantes, lo que podría proteger las células y tejidos frente al daño oxidativo. Por ejemplo, Olmedilla y colaboradores llevaron a cabo en 2001 un estudio que analizaba durante 18 meses las concentraciones sanguíneas de carotenoides, tocoferoles, ácido ascórbico y retinol en 349 personas sanas no fumadoras, de entre 25 y 45 años de cinco países europeos: Francia, Irlanda del Norte, República de Irlanda, Países Bajos y España. Las mujeres de Francia, Irlanda y España presentaron concentraciones plasmáticas de vitamina C más altas que los hombres. Los niveles séricos de β-tocoferol fueron más bajos en España y Francia y más altos en los Países Bajos. En cuanto a la proporción entre xantofilas (luteína, zeaxantina y β-criptoxantina) y carotenos (β-caroteno, α-caroteno y licopeno) fué de 2:1 de España con respecto a Irlanda. Particularmente, la luteína y zeaxantina alcanzaron sus mayores concentraciones sanguíneas en Francia y España; mientras que la β-criptoxantina predominó en España y Países Bajos.

La evidencia científica sugiere que una ingesta diaria de frutas y verduras de 400-800 gramos puede ser una estrategia de salud pública significativa para las personas y comunidades a nivel global. Por ello, la Organización Mundial de la Salud (OMS) recomienda un consumo diario de al menos 400 gramos por persona, mientras que las autoridades sanitarias en diversos países promueven activamente una dieta rica en estos alimentos.

Muchos de los compuestos fitoquímicos con propiedades potencialmente protectoras presentes en frutas y verduras están asociados con distintos pigmentos de color. Las guías alimenticias sugieren seleccionar porciones diarias de frutas y verduras representativas de 5 categorías de colores (Figura 5): rojo, azul/morado, verde, naranja/amarillo y blanco/marrón, para garantizar una mayor diversidad de fitoquímicos en la dieta.

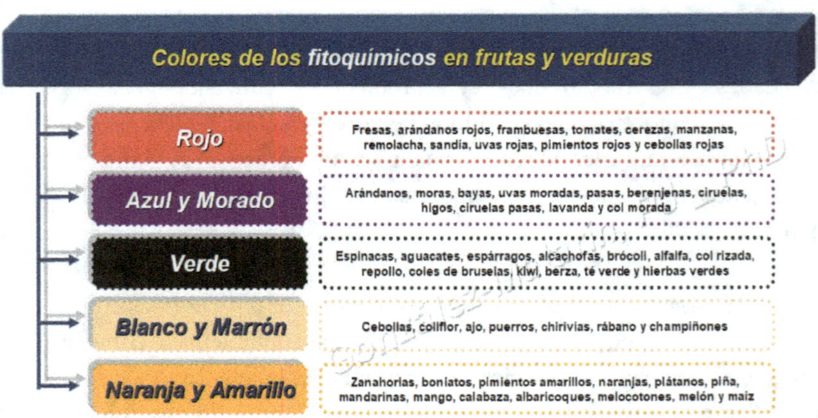

Figura 5. Colores de los fitoquímicos en frutas y verduras.

Capítulo 5. Efecto del consumo de frutas y verduras sobre algunas enfermedades.

5.1. Cáncer.

Se ha encontrado que un consumo elevado de tomate y productos derivados del tomate está sistemáticamente asociado con un menor riesgo de varios tipos de cáncer. Según los resultados de un estudio, las evidencias más sólidas apuntan a su eficacia frente al cáncer de pulmón, próstata y estómago. La dieta puede influir en el metabolismo de los carcinógenos químicos, y ciertos componentes encontrados en las plantas desempeñan un rol particularmente relevante. Las verduras crucíferas, como las coles de Bruselas, el repollo y la coliflor, destacan por su capacidad para inducir la actividad del sistema microsomal de la oxidasa de función mixta. En estas verduras se han identificado tres indoles con actividad inductora: indol-3-acetonitrilo, indol-3-carbinol y 3,3-diindolilmetano (Figura 6).

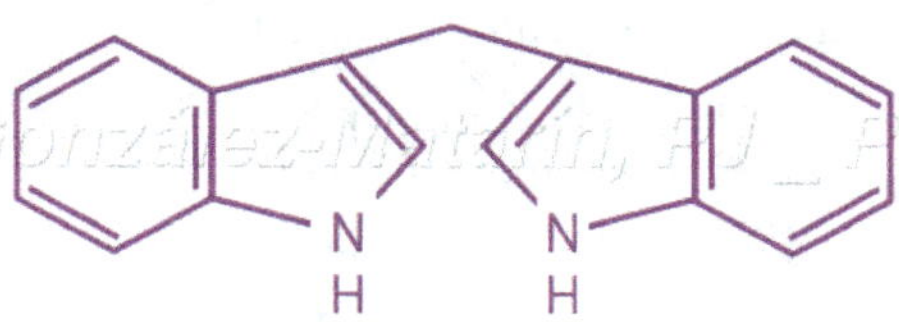

Figura 6. 3,3-indolilmetano.

Otro grupo de compuestos dietéticos que impactan este sistema son los antioxidantes fenólicos añadidos, como el butilhidroxianisol (BHA) y el butilhidroxitolueno. Tanto el BHA como el butilhidroxitolueno parecen ejercer un efecto protector frente a carcinógenos químicos, lo que sugiere que los componentes dietéticos podrían influir significativamente en la respuesta del organismo frente a carcinógenos ambientales.

Por otro lado, diversos estudios han mostrado que los compuestos fenólicos presentes en frutas y verduras poseen efectos antiproliferativos sobre distintas líneas celulares cancerosas. En particular, se ha estudiado el impacto de la quercetina, un flavonoide común en muchos vegetales y frutas, que neutraliza radicales libres, reduce el estrés oxidativo y protege el ADN, lo que la convierte en un potente antimutágeno y anticancerígeno en muchos contextos.

La clorofilina (CHL), un derivado alimenticio de la clorofila, pigmento ampliamente presente en frutas y verduras, ha demostrado ser un inhibidor eficaz en la formación de aductos de ADN causados por la aflatoxina B1. También se ha evidenciado su capacidad para reducir la hepatocarcinogénesis en modelos experimentales de trucha arcoíris expuestos a dietas que contienen carcinógenos. Las clorofilinas son variaciones de la clorofila, donde el magnesio es sustituido por metales como cobre, cobalto o hierro. Estudios han señalado que tanto la clorofila como la clorofilina ejercen efectos moduladores sobre la genotoxicidad inducida por diversos tóxicos.

Por otro lado, los monoterpenos, compuestos naturales presentes en aceites esenciales derivadas de frutas y verduras comunes, también han mostrado propiedades antitumorales. Uno de estos compuestos, el limoneno, encontrado en cítricos, y su derivado hidroxilado, el alcohol perílico, ha mostrado capacidades quimiopreventivas y quimioterapéuticas en modelos animales contra tumores como los de mama, piel, pulmón, páncreas y colon.

En vegetales del género Brassica como el brócoli y las coles, se han identificado indoles e isotiocianatos con potencial para reducir la incidencia y multiplicidad de tumores en diversos órganos, incluyendo el hígado, las glándulas mamarias y el colon, tras la exposición a agentes carcinógenos en modelos animales. En particular, el sulforafano, presente en el brócoli, actúa como inductor potente de enzimas desintoxicantes de fase II, incluyendo quinina reductasa y glutatión transferasa, además de ser un inhibidor del citocromo P450 2E1, conocido por su papel en la activación de carcinógenos. De igual forma, estudios han señalado que los productos derivados de la hidrólisis de ciertos glucosinolatos poseen actividad anticancerígena. Entre ellos destacan glucorafanina, gluconasturtiina y glucobrassicina. En particular, el indol-3-carbinol (Figura 7), un metabolito derivado de la glucobrassicina, ha demostrado efectos inhibidores en cánceres de mama y ovario en humanos. Además, el sulfóxido de s-metilcisteína y su metabolito tiosulfinato de metilmetano han evidenciado su capacidad para inhibir la genotoxicidad inducida químicamente en estudios con ratones. Por lo tanto, los efectos quimiopreventivos observados en verduras del género brassica pueden atribuirse a la presencia combinada de diversos fitoquímicos azufrados con propiedades anticancerígenas.

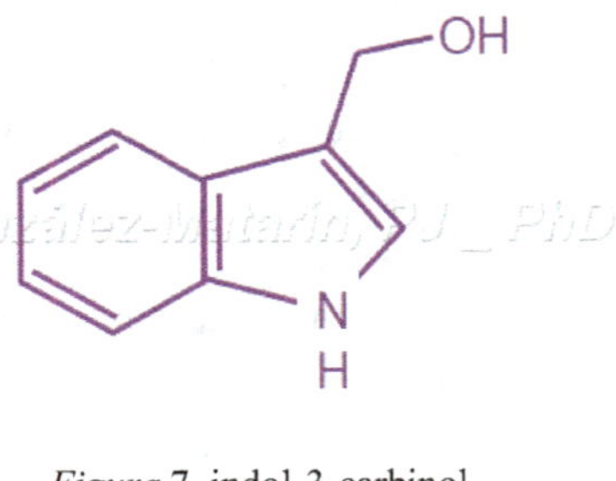

Figura 7. indol-3-carbinol.

5.1.1. Cáncer de estómago.

Diversos estudios han señalado una relación inversa entre el consumo de verduras frescas y el cáncer gastrointestinal. Los alimentos a base de tomate, ricos en licopeno, están vinculados a una menor incidencia de este tipo de cáncer, reduciendo el riesgo en un 50 %. También se ha asociado al licopeno (Figura 8) con menores probabilidades de desarrollar cáncer en el páncreas, vejiga y otros órganos. Investigaciones en Italia y Japón confirmaron su impacto positivo frente al cáncer gástrico, destacando al licopeno como el micronutriente más efectivo. Además, el consumo regular de ajo mostró efectos protectores contra el cáncer gástrico, ya que que los compuestos del ajo reducen los nitritos gástricos, siendo las regiones con alta producción de ajo las que registran bajas tasas de mortalidad por cáncer de estómago.

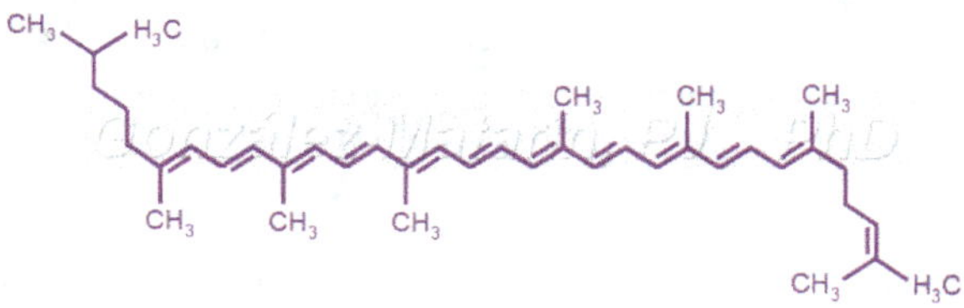

Figura 8. Licopeno.

5.1.2. Cáncer de colon.

Diversas investigaciones han destacado la relación entre la alimentación y el riesgo de desarrollar cáncer colorrectal, subrayando el papel protector de ciertos alimentos ricos en nutrientes. Está demostrado que el consumo de frutas y verduras, junto con compuestos como vitamina C, carotenoides y fibra, pueden disminuir el riesgo de cáncer de colon. En este contexto, los esteroles vegetales, comunes en dietas vegetarianas, también han mostrado resultados prometedores. En 1980, Raicht y su equipo evaluaron los efectos del β-sitosterol (Figura 9) en la formación de tumores de colon en ratas expuestas al carcinógeno N-metil-N-nitrosourea. Los resultados indicaron que el β-sitosterol logró atenuar parcialmente los efectos tumorales del agente carcinógeno, sugiriendo que estos compuestos presentes en los vegetales podrían desempeñar un rol protector ante el cáncer.

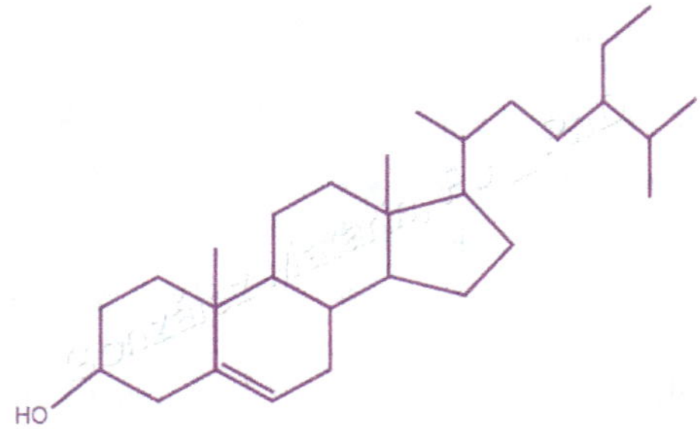

Figura 9. β-sitosterol.

La protección conferida por el consumo regular de ciertas verduras es respaldada por diferentes estudios. Un análisis realizado en mujeres con cáncer de colon y de recto, encontró que una mayor ingesta de verduras, particularmente repollo, coles de Bruselas y brócoli, estaba asociada con una reducción significativa en el riesgo de desarrollo de tumores.

Reddy y colaboradores examinaron el impacto de la fibra cítrica deshidratada sobre la carcinogénesis en ratas alimentadas con dietas enriquecidas con el 15% de esta fibra, junto con un 5% de grasa. Las ratas fueron tratadas con azoximetano, un potente agente carcinógeno, y sometidas a necropsias 20 semanas después del tratamiento para evaluar los resultados. Se observó una notable reducción tanto en la incidencia como en la multiplicidad de tumores en las ratas alimentadas con dietas basadas en fibra cítrica en comparación con las alimentadas con dietas estándar. Esto refuerza la hipótesis de que ciertos componentes dietéticos, como las frutas, verduras y fibras específicas, pueden ofrecer beneficios protectores frente al cáncer colorrectal.

Se investigó el impacto de una dieta que incluía entre el 10 % y el 40 % de col, brócoli liofilizados o patata liofilizada durante 14 días sobre los niveles de glutatión en la mucosa colónica de ratas. También se analizaron los niveles de glutatión en la mucosa duodenal y el hígado. Se observó que la col y el brócoli aumentaron el glutatión en la mucosa colónica y duodenal según la dosis, mientras que la patata no tuvo efecto. Ninguna de las verduras influyó en el glutatión hepático. Los resultados sugieren que una dieta rica en crucíferas mejora el nivel de glutatión. En 1994, Steinmetz indicó un 50 % menos de riesgo de cáncer de colon distal en mujeres con mayor consumo de ajo.

5.1.3. Cáncer de mama.

Un análisis exhaustivo que incluyó 26 estudios confirmó que un mayor consumo de frutas y verduras está asociado con una reducción del riesgo de cáncer de mama.

En un experimento realizado con ratas hembra tratadas con el carcinógeno 7,12-dimetilbenz[a]antraceno (DMBA), se observó que la administración de extractos de manzana entera reducía la incidencia de tumores mamarios dependiendo de la dosis. Dosis bajas, medias y altas disminuyeron la incidencia tumoral en un 17 %, 39 % y 44 %, respectivamente. Por su parte, García-Solís y colaboradores exploraron las propiedades antineoplásicas de diversas frutas y verduras. Los investigadores analizaron la actividad antiproliferativa en la línea celular de cáncer de mama MCF-7 utilizando extractos acuosos de alimentos como aguacate, guayaba, mango, cactus, papaya, piña, uvas y tomate; solo el extracto de papaya exhibió un efecto antiproliferativo significativo.

Se han investigado los efectos de tres indoles presentes en vegetales crucíferos como el indol-3-carbinol, el 3,3-diindolilmetano y el indol-3-acetonitrilo; en modelos animales con carcinogénesis. En ratas hembra, tanto el indol-3-carbinol como el 3,3-diindolilmetano mostraron propiedades inhibitorias frente a la formación de tumores mamarios inducidos por DMBA cuando se administraron por vía oral 20 horas antes del carcinógeno. Por otro lado, el indol-3-acetonitrilo no demostró actividad en este contexto.

Por último, ciertas investigaciones revelan un potencial beneficio de las dietas ricas en hongos en la quimioprevención del cáncer de mama a través de la modulación de la actividad de la aromatasa. Los fitoquímicos del champiñón blanco mostraron la capacidad para reducir tanto la actividad de la aromatasa como la proliferación celular asociada. Esto refuerza el interés por explorar el papel de los hongos en estrategias dietéticas contra el cáncer.

5.1.4. Cáncer de próstata.

Diversos estudios han señalado que el consumo de ciertas frutas y verduras podría estar relacionado con una disminución del riesgo de cáncer de próstata. Una investigación llevada a cabo por la Escuela de Salud Pública de Harvard, con un seguimiento de 48.000 hombres durante cuatro años, reveló que aquellos que consumían semanalmente diez o más porciones de productos derivados del tomate, como tomates frescos, salsa de tomate y pizza con salsa de tomate, tenían hasta un 34 % menos riesgo de padecer cáncer de próstata. Este estudio destacó que el licopeno, presente en los productos hechos a base de tomate, se asociaba con una disminución del riesgo. Por el contrario, otros carotenoides como β-caroteno, α-caroteno, luteína (Figura 10) y β-criptoxantina, así como el retinol, no mostraron el mismo efecto.

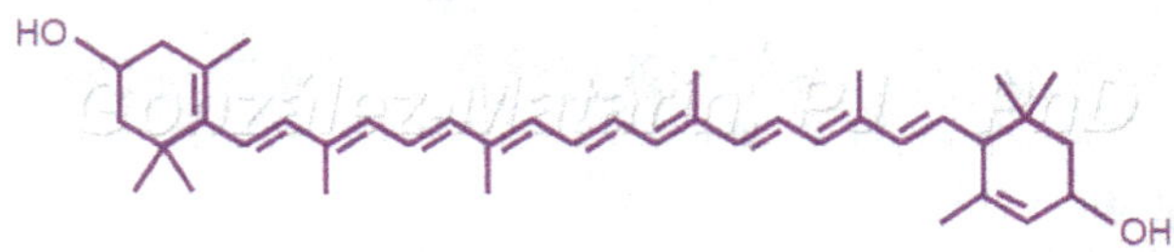

Figura 10. Luteína.

También se evaluaron los efectos de distintos carotenoides sobre la viabilidad de tres líneas celulares humanas de cáncer de próstata: PC-3, DU 145 y LNCaP. Se observó que ciertos carotenoides, como la neoxantina proveniente de espinaca y la fucoxantina extraída de algas pardas, reducían significativamente el crecimiento celular. En el caso de PC-3, la reducción fue del 10.9 % con neoxantina y del 14.9 % con fucoxantina; para DU 145, la reducción fue del 15.0 % con neoxantina y del 5.0 % con fucoxantina; y para LNCaP, la reducción fue de valores cercanos al 0 % para la neoxantina y del 9.8 % para la fucoxantina. Asimismo, carotenoides acíclicos como fitoflueno, α-caroteno y licopeno presentes en el tomate demostraron disminuir el crecimiento celular.

Por último, un estudio confirmó que tanto la neoxantina como la fucoxantina promovían la inducción de apoptosis en las células afectadas por cáncer de próstata, lo que probablemente explica su impacto en la reducción del crecimiento celular. Esta vía apoptótica podría ser clave para comprender su potencial terapéutico en este tipo de cáncer.

5.1.5. Cáncer de pulmón.

El consumo de frutas y verduras podría contribuir a la protección contra el cáncer de pulmón, aunque los resultados epidemiológicos no son completamente concluyentes. En 2008, Dosil-Díaz y sus colaboradores estudiaron el impacto de estas categorías alimenticias en el riesgo de cáncer de pulmón dentro de una población del noroeste de España. Sin embargo, el consumo de verduras de hoja verde sí mostró un impacto positivo. Por su parte, Linseisen y colaboradores evaluaron en 2007 la asociación entre el consumo de frutas y verduras y la incidencia del cáncer de pulmón utilizando datos del estudio EPIC, el estudio mostró que el consumo de frutas mostró una significativa reducción del riesgo, mientras que las verduras no estuvieron asociadas en general.

En un estudio llevado a cabo en 1992 por Goodman y colaboradores, concluyeron que frutas ricas en licopeno como papaya, boniato, mango y naranjas tenían poca influencia sobre la supervivencia en pacientes con cáncer pulmonar y que su ingesta previa al diagnóstico no afectaba la progresión del cáncer. Sin embargo, destacaron que una dieta rica en tomate, que presenta un alto contenido de licopeno, tenía una notable correlación positiva con la supervivencia, especialmente en mujeres.

5.2. Enfermedad cardiovascular.

La enfermedad cardiovascular (ECV) es la principal causa de muerte en los países desarrollados y su prevención se ha vinculado a una dieta rica en frutas y verduras.

Estudios epidemiológicos indican que consumir al menos tres porciones diarias reduce el riesgo de ECV, con beneficios máximos si se realiza la ingesta de 10 porciones. En Finlandia, un estudio mostró que mayores cantidades de frutas y verduras se correlacionan con un menor riesgo cardiovascular, especialmente en fumadores que ingieren al menos 2,5 porciones al día. Además, el consumo de legumbres podría disminuir este riesgo en un 11 %.

En Japón, un estudio concluyó que una dieta basada en alimentos vegetales, especialmente frutas, se relaciona con menor mortalidad por ECV y otras causas en hombres y mujeres.

En India, un estudio realizado sobre 983 adultos reveló que una mayor ingesta diaria de frutas y verduras se vincula a menores niveles de presión arterial sistólica, colesterol total y LDL. Este consumo representó el 48 % del efecto protector frente a otros factores de riesgo de ECV tras considerar variables como edad, sexo, hábitos de vida y energía total ingerida.

La mortalidad relacionada con enfermedades cardiovasculares y coronarias ha mostrado reducciones significativas y sostenidas asociadas al aumento en el consumo de frutos secos y mantequilla de cacahuete. Los frutos secos, incluido el cacahuete, han demostrado mejorar el perfil lipídico en sangre y su ingesta habitual se vincula con un menor riesgo de padecer enfermedad coronaria (EC). Un análisis de cuatro estudios epidemiológicos realizados en Estados Unidos indicó que los participantes con mayor consumo de frutos secos experimentaron una disminución del 35 % en el riesgo de incidencia de EC.

Los frutos secos y cacahuetes poseen compuestos bioactivos que explican sus beneficios amplios para la salud cardiovascular. Entre estos nutrientes se incluyen proteínas vegetales, fibra, potasio, calcio, magnesio, tocoferoles, fitoesteroles, compuestos fenólicos, resveratrol y arginina. Según Kris-Etherton y colegas, los frutos secos y el cacahuete integran múltiples nutrientes cardioprotectores que, incorporados regularmente a una dieta equilibrada, podrían reducir significativamente el riesgo poblacional de cardiopatía coronaria.

En cuanto al licopeno contenido en el tomate, se ha demostrado su capacidad para prevenir la oxidación del colesterol LDL y reducir el riesgo de aterosclerosis y enfermedad coronaria. Consumir diariamente productos derivados del tomate que aporten al menos 40 mg de este carotenoide puede reducir significativamente la oxidación del LDL. Entre los carotenoides biológicos, el licopeno es reconocido como el supresor más eficiente del oxígeno singlete.

5.3. Diabetes Mellitus.

En 2007, Hamer y Chida señalaron que una alta ingesta de antioxidantes, especialmente vitamina E, estaba asociada con una disminución del riesgo de desarrollar diabetes mellitus en un 13 %.

Nettleton y su equipo indicaron que un alto consumo de cereales integrales, frutas, frutos secos/semillas, verduras verdes y lácteos bajos en grasa, estaba vinculado a un 15 % menos de riesgo de desarrollar diabetes.

Por otro lado, Bazzano y su equipo destacaron que el consumo de verduras verdes y frutas se asocia con una menor probabilidad de desarrollar diabetes, mientras que ingerir zumos de fruta podría incrementar este riesgo en mujeres. Sin embargo, un incremento equivalente en el consumo de fruta entera sí disminuye el riesgo. También se identificó que agregar una porción diaria de verduras verdes puede reducir ligeramente el riesgo, mientras que el aumento en el consumo de zumos de fruta estaría relacionado con un mayor riesgo.

Estudios experimentales han revelado que el consumo de nopal podría contribuir a la disminución de los niveles de glucosa en sangre. En pacientes con diabetes mellitus no insulinodependiente, el consumo en ayunas de ciertas especies de nopal generalmente se relaciona con una reducción tanto en los niveles séricos de glucosa como en los niveles de insulina. Estos beneficios podrían estar asociados con el contenido de fibra dietética presentes en el nopal.

En cuanto a compuestos específicos, algunos flavonoides como las procianidinas han demostrado propiedades antidiabéticas al promover mejoras en el metabolismo alterado de la glucosa y en el metabolismo oxidativo característico de estados diabéticos. Por ejemplo, en estudios con ratas con diabetes inducida mediante estreptozotocina, la administración oral de extracto de procianidinas provenientes de semillas de uva registró un efecto antihiperglucémico.

5.4. Obesidad.

La obesidad es un grave problema de salud pública en los países desarrollados, vinculado al aumento de enfermedades crónicas como las cardiovasculares y la diabetes. A pesar del incremento en la prevalencia de la obesidad, los estudios sobre la relación entre el consumo de frutas y verduras y el aumento de peso son limitados.

Investigaciones como la de Vioque y colaboradores indican que un alto consumo de frutas y verduras puede reducir el riesgo de aumento de peso y obesidad en adultos de zonas del mediterráneo. Por otro lado, Svendsen y colegas encontraron que aumentar la ingesta de estos alimentos en pacientes obesos con trastornos respiratorios contribuyó a la pérdida de peso y a la reducción de la presión arterial.

El estudio de He y colaboradores en mujeres de mediana edad mostró que aquellas que incrementaron su consumo de frutas y verduras tenían un 24% menos de riesgo de desarrollar obesidad en comparación con las que disminuyeron su ingesta.

De Carvalho y colaboradores destacaron que una baja ingesta de fibra en adolescentes se relaciona con un mayor riesgo de sobrepeso.

5.5. Salud pulmonar.

Varios estudios han indicado una relación positiva entre el consumo de frutas y verduras y la función pulmonar. Se ha observado que una dieta rica en estos alimentos puede mantener una función pulmonar saludable en adultos sanos y mejorarla en personas con trastornos pulmonares. Los fitoquímicos, particularmente los antioxidantes, juegan un papel crucial en la protección de los pulmones contra el estrés oxidativo.

Un estudio realizado con 2.917 hombres en siete países europeos reveló que un mayor consumo de frutas se asocia con una menor mortalidad por enfermedades relacionadas con la enfermedad pulmonar obstructiva crónica (EPOC), siendo esta tendencia estadísticamente significativa al considerar factores como la edad, el país y el tabaquismo. Aunque se encontró que las verduras y nutrientes antioxidantes como la vitamina C y el β-caroteno no se correlacionan con la mortalidad por EPOC, la ingesta de vitamina E mostró un efecto protector.

Se reportó que consumir más de 121 g/día de fruta y un mayor consumo de verduras estaba relacionado con una reducción significativa de la EPOC. Además, se ha sugerido que una menor ingesta de antioxidantes puede aumentar la susceptibilidad al asma, y que el consumo de frutas y verduras podría mejorar la función ventilatoria y los síntomas respiratorios. Se identificaron ciertos alimentos, como las verduras de hoja verde, el tomate, la zanahoria y la manzana, que se asociaron con una menor incidencia de asma.

5.6. Salud ósea.

La pérdida de masa ósea, asociada a la osteoporosis, se ha convertido en una epidemia global. Se ha observado que el consumo de frutas y verduras puede mejorar la salud ósea. Un estudio reveló que un mayor consumo de estos alimentos se relaciona con mejores marcadores de salud ósea en hombres y mujeres de 16 a 83 años.

Un estudio en Japón con 1.407 mujeres premenopáusicas mostró una correlación positiva entre el consumo de frutas y verduras y la salud ósea. En Canadá, se encontró que en niños de 8 a 20 años, el consumo de estos alimentos era un predictor significativo del contenido mineral óseo total, aunque este efecto no se observó en niñas. En Irlanda del Norte, un estudio con adolescentes reveló que los niños de 12 años que consumían más frutas presentaban una mayor densidad ósea.

Los antioxidantes presentes en frutas y verduras, como la vitamina C y el caroteno, ayudan a reducir el estrés oxidativo en la densidad mineral ósea. Nutrientes como la vitamina C y K pueden favorecer la formación de células óseas. Además, muchas frutas y verduras son ricas en citrato de potasio, que ayuda a neutralizar ácidos, lo que podría preservar la masa ósea. La ingesta de potasio se asoció de manera significativa con marcadores de recambio óseo y densidad mineral ósea.

Investigaciones de Lin y colegas en 2003 sugirieron que un alto contenido de potasio, magnesio y calcio, junto con antioxidantes y fitoquímicos, podría ser crucial para la salud ósea. Un estudio con 40 participantes sanos mostró que una dieta alcalina de frutas y verduras en comparación con una dieta ácida de carne y cereales afectó a los marcadores bioquímicos del recambio óseo y la excreción de calcio, evidenciando que la acidez dietética influye en la degradación ósea y en la cantidad de calcio excretado en la orina.

5.7. Cataratas y salud ocular.

Un análisis realizado con 35.724 mujeres mayores de 45 años en Estados Unidos, mostró que el consumo de 10 raciones/día de frutas y verduras redujo ligeramente el riesgo de desarrollar cataratas en comparación con un bajo consumo de 2,6 raciones/día. Un estudio con 98 participantes demostró que una ingesta alta de frutas y verduras superior a 5 raciones/día, se asoció con una mayor densidad óptica del pigmento macular en comparación con aquellos que consumían menos de 3 raciones/día.

5.8. Artritis.

En relación con la artritis, se considera que los antioxidantes y componentes antiinflamatorios de los alimentos son cruciales para reducir el riesgo de artritis reumatoide (AR). Un estudio con 29.368 mujeres estadounidenses indicó que un mayor consumo de frutas superior a 83 raciones al mes se relacionó con una disminución del riesgo de AR, siendo las naranjas la única fruta que mostró una reducción significativa en la incidencia de esta enfermedad. Aunque el consumo total de verduras no mostró una asociación clara, las verduras crucíferas, especialmente el brócoli, sí se relacionaron con un efecto moderado sobre la AR. En otro estudio, se observó que una ingesta baja de frutas y verduras se asoció con una mayor incidencia de poliartritis inflamatoria (PI). Además, los sujetos con menor ingesta de vitamina C tenían tres veces más probabilidades de desarrollar PI en comparación con aquellos con una ingesta más alta. Finalmente, se encontró una correlación significativa entre la ingesta de vitamina C y carotenoides, especialmente la β-criptoxantina, y un menor riesgo de PI.

5.9. Enfermedades de la piel.

El licopeno ha demostrado tener un efecto protector contra el daño oxidativo en la piel humana causado por la radiación ultravioleta, lo que sugiere su potencial como un agente protector en la salud dermatológica.

5.10. Envejecimiento y cognición.

El estrés oxidativo y la inflamación son factores clave en el envejecimiento saludable del cerebro y en enfermedades neurodegenerativas como el Alzheimer y el Parkinson.

Investigaciones en animales y humanos indican que el consumo de frutas y verduras puede mitigar procesos relacionados con la edad, gracias a las propiedades antioxidantes y antiinflamatorias de los fitoquímicos. Un estudio in vitro sugiere que ciertos fitoquímicos también influyen en la señalización celular, ofreciendo protección contra el envejecimiento por mecanismos distintos a los oxidativos e inflamatorios.

Experimentos con ratas han demostrado que extractos de frutas y verduras pueden revertir o ralentizar déficits cognitivos y motores relacionados con la edad. En particular, los extractos de fresa y espinaca han mostrado efectos positivos en el deterioro cognitivo y neuronal durante un periodo de 6 a 15 meses, mientras que los extractos de arándano han revertido déficits cognitivos y mejorado la función motora en ratas mayores.

En un modelo de ratón transgénico con enfermedad de Alzheimer, la suplementación con extracto de arándano mejoró el rendimiento cognitivo, alcanzando niveles similares a los de ratones normales no suplementados. Además, se observó un aumento en la concentración de quinasas de señalización celular, cruciales para la conversión de la memoria a corto plazo en memoria a largo plazo. La administración de jugo de uva a ratas envejecidas mostró mejoras en el rendimiento cognitivo y motor, dependiendo de la concentración del jugo.

Un estudio a largo plazo con 13.388 mujeres en Estados Unidos, reveló que aquellas que habían consumido una mayor cantidad de verduras crucíferas presentaban un mejor rendimiento cognitivo inicial. El estrés oxidativo se considera un factor determinante en el desarrollo del Alzheimer, estudios han asociado la ingesta de antioxidantes con un menor riesgo de Alzheimer. Un estudio en hombres de los Países Bajos mostró que la ingesta de vitaminas C y E, así como el uso de suplementos antioxidantes, se relacionó con una reducción del riesgo de desarrollar Alzheimer, especialmente en fumadores, mientras que el consumo de flavonoides y β-caroteno mostró un efecto protector en fumadores, pero no en no fumadores.

Capítulo 6. Importancia nutricional y para la salud de frutas y verduras.

Las frutas y verduras son reconocidas por ser ricas en fitoquímicos, que son compuestos bioactivos con propiedades beneficiosas para la salud. Además de los fitoquímicos, estos alimentos contienen otros componentes que pueden interactuar de manera sinérgica, potenciando así sus efectos nutricionales y de salud. Existe una interacción entre los diferentes elementos presentes en las frutas y verduras, por ello es fundamental incluir una variedad de estos alimentos en la dieta para maximizar sus beneficios.

6.1. Manzanas y peras.

Las manzanas (Figura 11) son una fuente rica en fitoquímicos, incluyendo compuestos fenólicos, pigmentos y vitamina C, con seis clases de polifenoles identificadas.

Figura 11. Manzana.

Las antocianinas y glucósidos de flavonol predominan en la piel, mientras que los ácidos fenólicos más relevantes son el ácido clorogénico y el ácido p-cumaroilquínico. La principal catequina es la epicatequina, y las procianidinas están compuestas por epicatequinas con enlaces específicos. Aunque las manzanas frescas pueden contener hasta 100 ppm de vitamina C, esta se pierde rápidamente durante el procesamiento para jugo. La composición fitoquímica varía entre variedades y cambia con la maduración, almacenamiento y procesamiento. La acumulación de antioxidantes en las cáscaras se ve más influenciada por la maduración y la luz que por las bajas temperaturas. Las pruebas de eliminación de radicales libres han demostrado que las manzanas tienen un potencial antioxidante significativamente mayor que las peras. Los extractos de cáscara de manzana muestran una fuerte inhibición de la peroxidación lipídica, se ha encontrado que las manzanas inhiben la proliferación de células cancerosas, reducen la oxidación lipídica y el colesterol. El consumo de manzanas se ha asociado con un menor riesgo de cáncer, enfermedades cardiovasculares, asma y diabetes. Aunque el contenido total de compuestos fenólicos en las manzanas es bajo, el ácido clorogénico y los glucósidos de floretina son los principales antioxidantes. La actividad antioxidante y antiproliferativa de las manzanas se atribuye a la sinergia de los compuestos fenólicos, más que a la vitamina C. Los compuestos fenólicos en la piel de la manzana son más efectivos en la actividad antioxidante y antiproliferativa que los de la pulpa. La actividad antioxidante de los compuestos fenólicos en las manzanas se clasifica en orden de efectividad, siendo la quercetina el más potente, seguido de la epicatequina, procianidina, floretina, vitamina C y ácido clorogénico.

6.2. Cítricos.

Las frutas cítricas y sus jugos son excelentes fuentes de vitamina C. La ingesta de 236 ml de jugo de estas frutas pueden cubrir la cantidad diaria recomendada (CDR) de esta vitamina. Sin embargo, el contenido de vitamina C varía significativamente entre diferentes jugos de frutas cítricas, siendo la naranja (Figura 12), la mandarina y el limón las que generalmente presentan entre 20 y 50 mg por cada 100 ml de jugo. Además, los limonoides cítricos, como la limonina y la nomilina, son compuestos que contribuyen al sabor amargo de estas frutas y poseen propiedades biológicas que pueden ser útiles como agentes quimiopreventivos.

Figura 12. Naranja.

El flavonoide más destacado en la naranja es la hesperidina y en el pomelo es la naringina, la hesperidina también se encuentra en mandarinas, limones (Figura 13) y limas. Las polimetoxiflavonas y las flavonas glicosiladas son exclusivas de los cítricos y presentan un patrón específico por especie, mostrando un amplio espectro de actividades biológicas, incluyendo propiedades antiinflamatorias, anticancerígenas y antiaterogénicas. Se ha evidenciado que los flavonoides cítricos tienen actividad anticancerígena tanto in vitro como in vivo, además de propiedades antivirales y antiinflamatorias, y la capacidad de inhibir la agregación plaquetaria.

Figura 13. Limones.

Los cítricos son también una fuente rica de pectina, presente tanto en la cáscara como en la pulpa. La inclusión de pectinas cítricas en la dieta puede influir en varios procesos metabólicos y digestivos, como la absorción de glucosa y los niveles de colesterol. En estudios de actividad antioxidante, se observó que la naranja era más efectiva que el pomelo (Figura 14) en la eliminación de radicales peroxilo, aunque el jugo de pomelo mostró mayor actividad que el de naranja.

Figura 14. Pomelo.

La actividad antioxidante del jugo de naranja se atribuye principalmente a la hesperidina y la narirutina, y se encontró que las semillas de limón, naranja agria, naranja dulce, mandarina y lima presentan mayor actividad antioxidante que las cáscaras, siendo la actividad antioxidante generalmente más alta en las semillas.

6.3. Uvas y bayas.

Las uvas y las bayas son ricas en fitoquímicos, incluyendo compuestos fenólicos, pigmentos y ácido ascórbico, destacándose como fuentes importantes de antioxidantes fenólicos. Las uvas frescas y sus derivados, como el jugo y el vino, han sido objeto de extensas investigaciones debido a su composición y propiedades beneficiosas para la salud. Las uvas presentan varios compuestos fenólicos como ácidos fenólicos, estilbenos y flavonoides, que son cruciales para la calidad de las uvas y los vinos. Las antocianinas, responsables del color en los vinos jóvenes, y otros compuestos como catequinas y flavonoles, influyen en la astringencia y el amargor de los vinos.

Los compuestos fenólicos de las uvas han demostrado tener un impacto positivo en la salud humana, incluyendo la reducción de lipoproteínas de baja densidad. Los productos derivados de la uva (Figura 15) exhiben una notable capacidad antioxidante, con extractos de uvas frescas inhibiendo la oxidación de LDL en un rango del 22 % al 60 %. La actividad antioxidante se correlaciona con la concentración de fenólicos totales y otros compuestos específicos en los extractos y jugos de uva.

Figura 15. Uvas.

Las bayas también son fuentes significativas de fitoquímicos, incluyendo ácido ascórbico y flavonoides. Algunas bayas silvestres, como el arándano rojo y la mora de los pantanos, presentan alta actividad antioxidante, mientras que las bayas cultivadas, como las fresas y las grosellas, muestran menor actividad. Los arándanos (Figura 16), en particular, tienen una capacidad antioxidante notablemente superior a la de las fresas y frambuesas.

Figura 16. Arándanos.

Las fresas (Figura 17) son reconocidas por sus propiedades antioxidantes naturales. Los extractos de fresas han demostrado propiedades quimiopreventivas y quimioterapéuticas, inhibiendo la proliferación de células cancerosas y reduciendo la transformación neoplásica en modelos experimentales.

Figura 17. Fresas.

6.4. Aguacate.

El aguacate (Figura 18) es una fruta altamente nutritiva, rica en grasas saludables, con un contenido de grasa que varía entre el 3 y el 30%. Su bajo contenido de azúcar (alrededor del 1%) lo convierte en un alimento adecuado para diabéticos, además de ser una fuente significativa de potasio, superando al plátano en este aspecto. Una porción de 100 g aporta aproximadamente 177 calorías, 17 g de grasa, principalmente monoinsaturada, y no contiene colesterol. La calidad del aceite de aguacate es comparable a la del aceite de oliva, destacándose por su alto contenido de ácidos grasos monoinsaturados (75%) y un bajo nivel de grasas saturadas.

Figura 18. Aguacate.

Las grasas monoinsaturadas del aguacate son beneficiosas para la salud cardiovascular, ya que ayudan a reducir el colesterol sanguíneo y mantienen los niveles de lipoproteínas de alta densidad. Además, el aceite de aguacate contiene compuestos saludables como clorofila, carotenoides y β-tocoferol. La composición de ácidos grasos varía según el proceso de cultivo y la maduración, siendo el ácido oleíco el predominante, seguido por el palmítico y el linoleico.

El aguacate también es una buena fuente de vitaminas del grupo B, vitamina E y vitamina K, así como de fitoquímicos que aportan beneficios para la salud, lo que lo clasifica como un alimento funcional. Entre sus componentes bioactivos se encuentran antioxidantes como los tocoferoles y el glutatión, así como luteína, que se encuentra en cantidades significativas.

Estudios han demostrado que una dieta enriquecida con aguacate puede reducir los niveles de lipoproteínas de baja densidad y colesterol total en personas con hipercolesterolemia, superando los efectos de dietas con soja y girasol. Los compuestos bioactivos presentes en el aguacate, como la luteína y los carotenoides, contribuyen tanto a su apariencia como a sus propiedades saludables, siendo la piel la parte con mayor concentración de estos compuestos.

6.5. Frutas de hueso.

Los melocotones (Figura 19) de pulpa amarilla presentan β-caroteno y β-criptoxantina como compuestos predominantes. En las cerezas dulces, los polifenoles no flavonoides más destacados son el ácido cafeoiltartárico y el ácido 3-p-cumaroilquínico, aunque las antocianinas, especialmente la cianidina unida a glucósidos, son los principales compuestos fenólicos. Durante las primeras etapas del desarrollo de las cerezas, se observa una disminución en el ácido ascórbico, los compuestos fenólicos totales y la actividad antioxidante, que luego aumentan significativamente en correlación con la acumulación de antocianinas y la maduración del fruto.

Figura 19. Melocotones.

Las ciruelas pasas (Figura 20) y su jugo han demostrado ser antioxidantes eficaces obteniendo un puntaje superior al de otras frutas en la capacidad de absorción de radicales de oxígeno. La inhibición de la oxidación de LDL tras la ingesta de melocotones, tanto crudos como enlatados, varía entre el 56 % y el 87 %, siendo atribuida principalmente a la presencia de ácidos hidroxicinámicos y ácidos clorogénicos y neoclorogénicos, en lugar de carotenoides.

Figura 20. Ciruela pasa.

6.6. Frutas tropicales.

Las frutas tropicales son reconocidas por su alto contenido en nutrientes esenciales. Las bananas y los plátanos (Figura 21) son importantes fuentes de almidón y la acerola destaca por su excepcional contenido en ácido ascórbico, que varía entre 1.000 y 3.300 mg por cada 100 g de peso fresco. Otras frutas como la guayaba, la papaya y el maracuyá también son buenas fuentes de vitamina C. El mango y la papaya son ricos en vitamina A y la chirimoya contiene cantidades significativas de niacina y tiamina. Además, la mayoría de las frutas tropicales son ricas en minerales, especialmente potasio y hierro.

Figura 21. Plátanos.

Se ha observado que las frutas tropicales poseen una mayor concentración de carotenoides en comparación con las frutas de clima templado, que son más ricas en antocianinas. El mango, en particular, es una fuente notable de vitamina C y carotenoides, algunos de los cuales actúan como provitamina A. El retinol del mango tiene alta biodisponibilidad, lo que sugiere beneficios para la salud ocular.

En cuanto a la papaya, se ha reportado que su acción astringente se debe a fitoquímicos como saponinas y cardenólidos. Sin embargo, su capacidad antioxidante es relativamente baja en comparación con otras frutas. En el caso de la banana, se identificó dopamina como un potente antioxidante, con concentraciones significativas tanto en la pulpa como en la cáscara.

La fibra de piña ha demostrado tener una actividad antioxidante superior a la de la cáscara de naranja, siendo la miricetina el principal polifenol encontrado en la fibra de piña.

Estos hallazgos subrayan la importancia de las frutas tropicales no solo como fuentes de nutrientes, sino también como potenciales agentes antioxidantes y terapéuticos.

6.7. Nueces.

Varios frutos secos son reconocidos por su alto contenido de antioxidantes, destacando las nueces (Figura 22), los cacahuetes y las almendras como las más ricas en estos compuestos. Las nueces, en particular, contienen más de 20 mmol de antioxidantes por cada 100 g, concentrándose principalmente en su piel.

Figura 22. Nueces.

El cacahuete (Figura 23) también juega un papel importante en la ingesta de antioxidantes en la dieta.

Figura 23. Cacahuetes.

Las almendras (Figura 24), además de ser ricas en proteínas, grasas saludables, fibra y minerales, contienen compuestos fenólicos que han demostrado una fuerte actividad antioxidante.

En un estudio, se identificaron nueve compuestos fenólicos en las almendras, de los cuales ocho mostraron propiedades antioxidantes significativas. La piel de las almendras es especialmente rica en glucósidos de flavonol, que se cree que poseen efectos antioxidantes potentes.

Figura 24. Almendras.

Los polifenoles presentes en las almendras son bien absorbidos por el organismo y ayudan a prevenir la oxidación del colesterol LDL. La vitamina E en las almendras actúa en sinergia con estos compuestos fenólicos para reducir la oxidación. Un estudio mostró que reemplazar la mitad de la ingesta diaria de grasas con almendras o aceite de almendras durante seis semanas resultó en una disminución del colesterol total y LDL en un 4 % y 6 %, respectivamente, y un aumento del colesterol HDL en un 6 %. Además, diversas investigaciones sugieren que el consumo de almendras podría tener un efecto positivo en la prevención del cáncer, incluyendo el cáncer de colon.

6.8. Tomates.

El tomate (Figura 25) y sus derivados son considerados alimentos saludables debido a su bajo contenido en grasas y calorías, la ausencia de colesterol y su alto contenido en fibra, vitaminas A y C, caroteno, licopeno y potasio. Un tomate de 100 g puede proporcionar aproximadamente entre el 20 % y el 40 % de la ingesta diaria recomendada de vitaminas A y C para adultos.

Figura 25. Tomate.

Estudios epidemiológicos han mostrado que el tomate tiene una de las correlaciones inversas más altas con el riesgo de cáncer y enfermedades cardiovasculares, incluyendo accidentes cerebrovasculares. El licopeno, el pigmento responsable del color rojo del tomate, actúa como un antioxidante natural que puede prevenir el cáncer y enfermedades cardíacas, aunque no tiene actividad provitamina A como otros carotenoides. El contenido de licopeno en el tomate fresco varía entre 0,72 y 20 mg por cada 100 g. A diferencia de otros pigmentos, el licopeno se acumula principalmente en la parte externa del fruto al final de su maduración. Además, otros componentes del tomate, como flavonoides, ácido fólico y vitamina E, también pueden contribuir a la salud. Aunque algunos estudios han reportado actividad antioxidante del tomate, otros no han encontrado tal efecto o incluso han observado actividad prooxidante. Se sugiere que el efecto antioxidante del tomate podría deberse a la interacción sinérgica de varios compuestos, y no únicamente al licopeno, ya que este y otros carotenoides pueden actuar como prooxidantes en ciertos entornos lipídicos.

6.9. Verduras crucíferas.

Las hortalizas de la familia Brassica oleracea, como el brócoli (Figura 26), la coliflor y las coles de Bruselas, contienen fitoquímicos azufrados, principalmente glucosinolatos y sulfóxido de S-metilcisteína, que se obtienen a través de la biosíntesis de aminoácidos. Estos compuestos han demostrado que poseen propiedades anticancerígenas. Los glucosinolatos, que han sido objeto de estudio desde el siglo XIX, se encuentran en varios alimentos vegetales. Aunque existen alrededor de 100 tipos de glucosinolatos en el reino vegetal, solo unos 10 están presentes en las Brassicas. Ciertos productos hidrolíticos de glucosinolatos han mostrado actividad anticancerígena, destacando el indol-3-carbinol en estudios de cáncer de mama y ovario.

Figura 26. Brocoli.

Un estudio realizado por Verhagen y colegas en 1995 analizó el efecto del consumo de coles de Bruselas (Figura 27) en los niveles de 8-oxo-7,8-dihidro-2-desoxiguanosina (8-oxodG) en orina de hombres sanos. Los resultados mostraron que, tras consumir 300 g de coles de Bruselas al día, los niveles de 8-oxodG disminuyeron un 28 %, lo que respalda la hipótesis de que el consumo de verduras crucíferas puede reducir el riesgo de cáncer.

Figura 27. Coles de Bruselas.

Además, se ha demostrado que los extractos de brócoli, coles de Bruselas, col blanca y coliflor (Figura 28) poseen propiedades antioxidantes significativas. Sin embargo, se sugiere que la acción antioxidante de las crucíferas no se debe principalmente a los glucosinolatos, sino a la presencia de fenoles hidroxilados y polifenoles. A pesar de esto, algunas variedades de col, como la col rizada y el brócoli, han mostrado una mayor actividad antioxidante en comparación con la coliflor y otras verduras.

Figura 28. Coliflor.

6.10. Verduras de hoja.

Se han observado resultados contradictorios en relación con la actividad antioxidante de las hortalizas de hoja sobre la inhibición de LDL. En un estudio que analizó 23 hortalizas, la espinaca (Figura 29) se posicionó en el puesto 18 y la lechuga en el 22.

Figura 29. Espinacas.

A pesar de esto, la espinaca mostró una actividad antioxidante muy alta, mientras que la lechuga (Figura 30) presentó niveles bajos. Estos hallazgos sugieren que, aunque la espinaca tiene un potencial antioxidante significativo, su eficacia en la inhibición de LDL no es tan destacada en comparación con otras hortalizas.

Figura 30. Lechuga.

6.11. Hortalizas de raíz.

Las zanahorias (Figura 31) son reconocidas por su alto contenido en β-caroteno y vitamina A, aunque su actividad antioxidante es relativamente baja en comparación con otras verduras. Sin embargo, se ha observado que hervirlas durante 30 minutos incrementa significativamente su capacidad antioxidante.

Figura 31. Zanahorias.

Las patatas (Figura 32) son una buena fuente de carbohidratos y antioxidantes, incluyendo ácido ascórbico, β-tocoferol y compuestos polifenólicos. Las variedades de patata morada y su cáscara presentan una mayor actividad antioxidante que las blancas y amarillas, atribuida a la presencia de antocianinas como la pelargonidina-3-rutinósido-5-glucósido. Aunque las patatas no son consideradas ricas en carotenoides, se han identificado varios, siendo la violaxantina como principal carotenoide, seguida de luteína y anteraxantina. Además, se ha sugerido que el color de las patatas de pulpa anaranjada se debe a la alta concentración de zeaxantina.

Figura 32. Patatas.

Por otro lado, las cáscaras de remolacha y la remolacha (Figura 33) azucarera contienen fitoquímicos importantes y muestran una notable actividad antioxidante siendo eficaces en la inhibición de la oxidación de LDL.

Figura 33. Remolacha.

6.12. Pimientos.

Los pimientos (Figura 34) son una excelente fuente de vitaminas A y C, así como de compuestos fenólicos. La concentración de estos nutrientes varía según el genotipo y la madurez del pimiento, además de estar influenciada por las condiciones de cultivo y el procesamiento. Se ha identificado que los pimientos son ricos en carotenoides provitamina A, incluyendo α-caroteno, β-caroteno y β-criptoxantina, así como en xantófilas.

Figura 34. Pimientos.

6.13. Cebollas y ajos.

La cebolla (Figura 35) y el ajo, han sido fundamentales en la dieta de diversas culturas a lo largo de la historia, siendo reconocidos por sus propiedades medicinales. Estas verduras contienen compuestos bioactivos, como el sulfuro de dialilo y el trisulfuro de alilmetilo, que han demostrado inhibir la proliferación celular, fortalecer el sistema inmunitario, y reducir la activación de carcinógenos.

Figura 35. Cebollas.

Además, el selenio ha mostrado actividad antitumoral en humanos, y se han realizado esfuerzos para enriquecer vegetales como el ajo (Figura 36) y el brócoli con este mineral. Investigaciones han confirmado que el ajo enriquecido con selenio es un eficaz agente anticancerígeno.

Figura 36. Ajos.

Por otro lado, se ha observado que las cebollas amarillas y rojas presentan una actividad antioxidante limitada en comparación con el ajo, que ha demostrado tener una actividad antioxidante notablemente superior, siendo cuatro veces más efectivo que las cebollas en ensayos de capacidad antioxidante.

6.14. Higo chumbo.

El higo chumbo (Figura 37), es altamente valorado por su riqueza en nutrientes y beneficios para la salud. Los cladodios, que son los tallos aplanados y carnosos de la planta Opuntia, son bajos en calorías, ricos en fibra y se consumen tradicionalmente en México y el sur de Estados Unidos. Contienen un alto porcentaje de agua, fibra, proteínas y minerales, destacando el calcio. Su uso en aplicaciones farmacéuticas se debe a sus propiedades terapéuticas, dermatológicas y médicas, incluyendo efectos analgésicos y antiinflamatorios.

Figura 37. Higo chumbo.

La suplementación con pulpa de nopal ha demostrado mejorar el estado de estrés oxidativo en personas sanas, reduciendo marcadores de daño oxidativo y además se produce una mejora en la función renal.

6.15. Hongos.

Los hongos (Figura 38) son una fuente moderada de proteínas de alta calidad y aportan fibra dietética, así como vitaminas C y B, y minerales. Estudios clínicos extensos han evidenciado que ciertas especies de hongos poseen propiedades medicinales y terapéuticas, siendo útiles en la prevención y tratamiento de diversas enfermedades como el cáncer, enfermedades virales (como la gripe y la polio), hipercolesterolemia, agregación plaquetaria e hipertensión. En particular, se ha observado que la inclusión de hongos cultivados, como el shiitake y el enokitake, en la dieta pueden ofrecer protección contra algunas manifestaciones del cáncer.

Figura 38. Shiitake.

Conclusión

Los fitoquímicos son diversos compuestos de origen vegetal, como polifenoles, flavonoides, carotenoides, glucosinolatos, alcaloides y saponinas, cada uno con propiedades biológicas únicas, como la actividad antioxidante y la regulación de la expresión génica. Su naturaleza multifacética les permite interactuar a través de diversas vías biológicas, a diferencia de los fármacos sintéticos, que suelen actuar sobre mecanismos específicos. Por ejemplo, los flavonoides contribuyen a la salud cardiovascular al neutralizar los radicales libres y modular la inflamación, mientras que los carotenoides mejoran la defensa inmunitaria y reducen el riesgo de cáncer.

Los beneficios para la salud de los fitoquímicos se deben a su capacidad para reforzar las defensas antioxidantes, regular las vías inflamatorias e influir en la expresión génica y los procesos epigenéticos. Compuestos como el resveratrol y el sulforafano pueden modificar la acetilación de histonas y la metilación del ADN, lo que afecta a genes relacionados con la desintoxicación y el control del ciclo celular. Esto posiciona a los fitoquímicos como protectores y reguladores de las funciones celulares.

Estudios epidemiológicos vinculan consistentemente las dietas ricas en frutas, verduras, legumbres y cereales integrales con la reducción de las tasas de enfermedades crónicas. La dieta mediterránea ejemplifica esta conexión, mostrando asociaciones con la reducción del riesgo de problemas cardiovasculares, cáncer y deterioro cognitivo, lo que destaca los efectos sinérgicos de los fitoquímicos junto con otros componentes dietéticos.

Se han demostrado diversos beneficios para la salud de ciertos fitoquímicos, como la mejora de la función vascular, la reducción de la presión arterial y el aumento de la sensibilidad a la insulina. Por ejemplo, los glucosinolatos de las verduras crucíferas activan enzimas desintoxicantes, mientras que polifenoles como el EGCG del té verde inhiben la progresión tumoral. Compuestos como la curcumina y el resveratrol también muestran propiedades neuroprotectoras, lo que podría beneficiar afecciones como la enfermedad de Alzheimer.

A pesar de su potencial, desafíos como la biodisponibilidad limitada y las complejas interacciones entre fitoquímicos dificultan su eficacia. Se necesitan sistemas de administración innovadores, como la nanoencapsulación y el diseño de alimentos funcionales, para mejorar su eficacia. Además, abordar la accesibilidad y la aceptación cultural es crucial para promover dietas ricas en fitoquímicos en las iniciativas de salud pública.

Reconocer la importancia de los fitoquímicos enfatiza la transición de una atención médica centrada en los productos farmacéuticos a estrategias de nutrición preventiva. Esta perspectiva empodera a las personas para tomar decisiones informadas sobre su salud, a la vez que promueve la sostenibilidad ambiental, ya que los alimentos de origen vegetal generalmente tienen un menor impacto ecológico. En definitiva, adoptar los fitoquímicos como componentes esenciales para la salud puede fomentar una cultura de prevención, mejora de la calidad de vida y el fortalecimiento de la relación entre la salud humana y el medio ambiente.

Abreviaturas

LDL Lipoproteínas de baja densidad
EPIC Estudio Prospectivo Europeo sobre Cáncer y Nutrición
ADN Ácido dexosirribonucléico
OH^- Hidroxilo
H_2O_2 Peróxido de hidrógeno
NO Óxido nítrico
$ONOO^-$ Peroxinitrito
ORAC Capacidad de absorción de radicales de oxígeno
NNK 4-(Metilnitrosamino)-1-(3-piridil)-1-butanona
NF-κB Factor de transcripción nuclear kappa B
IKK Quinasas IκB
TNF Factor de Necrosis Tumoral
COX-1 Ciclooxigenasa-1
COX-2 Ciclooxigenasa-2
PPAR Receptores Activados por Proliferadores de Peroxisomas
LRP Proteína relacionada con el receptor de lipoproteínas de baja densidad
EGCG Galato de epigalocatequina
OMS Organización Mundial de la Salud
BHA Butilhidroxianisol
CHL Clorofilina
DMBA Dimetilbenz[a]antraceno
MCF-7 Adenocarcinoma de mama humano
PC-3 Adenocarcinoma de próstata humano
DU 145 Carcinoma de próstata
LNCaP Carcinoma ganglionar de próstata
ECV Enfermedad cardiovascular
EC Enfermedad coronaria
EPOC Enfermedad pulmonar obstructiva crónica
AR Artritis reumatoide
PI Poliartritis inflamatoria
CDR Cantidad diaria recomendada

Referencias

Agarwal, S., y Rao, A.V. (1998). Tomato lycopene and low density lipoprotein oxidation: a human dietary intervention study. *Lipids*, 33, 981–984.

Al-Saikhan, M.S., Howard, L.R., y Miller, J.C. (1995). Antioxidant activity and total phenolics in different genotypes of potato (Solanum tuberosum L). *Journal of Food Science*, 60, 341–343.

Ambrosi, M., Cameron, N.R., y Davis, B.G. (2005) Lectins: tools for the molecular understanding of the glycocode. *Organic and Biomolecular*, 3(9), 1593–1608.

Ames, B.N. (1981). Uric acid provides an antioxidant defence in humans against oxidant and radical caused ageing and cancer: a hypothesis. *Proceedings of the National Academy of Science USA*, 78, 6858.

Anastas, P.T., y Warner, G.C. (1998). *Green Chemistry: Theory and Practice*. Oxford University Press, New York.

Ashour, M., Wink, M., y Gershenzon, J. (2010). *Annual Plant Reviews Volume 40: Biochemistry of Plant Secondary Metabolism*. Wiley-Blackwell

Ashton, O.B., Wong, M., McGhie, T.K., Vather, R., Wang, Y., Requejo-Jackman, C., Ramankutty, P., y Woolf, A.B. (2006). Pigments in avocado tissue and oil. *Journal of Agricultural and Food Chemistry*, 54(26), 10151–10158.

Azeredo, H.M.C. (2009). Betalains: properties, sources, applications, and stability – a review. *Internacional Journal of Food Science and Technology*, 44, 2365–2376.

Baker, R. A. (1994). Potential dietary benefits of citrus pectin and fiber. *Food technology*, 48(11), 133-139.

Balkwill, F., y Mantovani, A. (2001). Inflammation and cancer: back to Virchow?. *Lancet*, 357, 539–545.

Barden, C. L., y Bramlage, W. J. (1994). Accumulation of Antioxidants in Apple Peel as Related to Preharvest Factors and Superficial Scald Susceptibility of the Fruit. *Journal of the American Society for Horticultural Science*, *119*(2), 264–269.

Bazzano, L.A., He, J., Ogden, G.L., Loria, C., Vupputuri, S., Meyers, L., y Whelton, P.K. (2001). Legume consumption and risk of coronary heart disease in US men and women. *Archives of internal medicine*, 26, 2573–2578.

Bazzano, L.A., Li, T.Y., Joshipura, K.J. y Hu, F.B. (2008). Intake of fruit, vegetables, and fruit juices and risk of diabetes in women. *Diabetes Care*, 31(7), 1311–1317.

Billing, J., y Sherman, P.W. (1998). Antimicrobial functions of spices: why some like it hot. *Quarterly Review in Biology*, 73, 3–49.

Bjelland, S., y Seeberg, E. (2003). Mutagenicity, toxicity and repair of DNA base damage induced by oxidation. *Mutation Research*, 531, 37–80.

Block, G., Patterson, B., y Subar, A. (1992). Fruit, vegetables, and cancer prevention: a review of the epidemiological evidence. *Nutrition and Cancer*, 18, 1–29.

Blomhoff, R., Carlsen, M. H., Andersen, L. F., y Jacobs Jr, D. R. (2006). Health benefits of nuts: potential role of antioxidants. *British Journal of Nutrition*, 96(S2), S52-S60.

Boffetta, P., Couto, E., Wichmann, J., Ferrari, P., Trichopoulos, D., et al. (2010). Fruit and vegetable intake and overall cancer risk in the European Prospective Investigation into Cancer and Nutrition (EPIC). *Journal of the National Cancer Institute*, 102, 529–537.

Botterweck, A. A., van den Brandt, P. A., y Goldbohm, R. A. (1998). A prospective cohort study on vegetable and fruit consumption and stomach cancer risk in The Netherlands. *American Journal of Epidemiology*, 148(9), 842-853.

Boyer, J., y Liu, R. H. (2004). Apple phytochemicals and their health benefits. *Nutrition journal*, 3(1), 5.

Breene, W. M. (1990). Nutritional and medicinal value of specialty mushrooms. *Journal of food protection*, 53(10), 883-895.

Breinholt, V., Hendricks, J., Pereira, C., Arbogast, D., y Bailey, G. (1995). Dietary chlorophyllin is a potent inhibitor of aflatoxin B1 hepatocarcinogenesis in rainbow trout. *Cancer Research*, 55(1), 57-62.

Breithaupt, D. E., y Bamedi, A. (2002). Carotenoids and carotenoid esters in potatoes (Solanum tuberosum L.): new insights into an ancient vegetable. *Journal of agricultural and food chemistry*, 50(24), 7175-7181.

Brown, C. R., Edwards, C. G., Yang, C. P., & Dean, B. B. (1993). Orange flesh trait in potato: Inheritance and carotenoid content. *Journal of the American Society for Horticultural Science*, 118(1), 145-150.

Buiatti, E., Palli, D., Decarli, A., Amadori, D., Avellini, C., Bianchi, S., ... & Blot, W. J. (1990). A case‐control study of gastric cancer and diet in Italy: II. Association with nutrients. *International journal of cancer*, 45(5), 896-901.

Cao, G., Sofic, E., & Prior, R. L. (1996). Antioxidant capacity of tea and common vegetables. *Journal of agricultural and food chemistry*, 44(11), 3426-3431.

Cao, G., Booth, S.L., Sadowski, J.A., y Prior, R.L. (1998). Increases in human plasma antioxidant capacity after consumption of controlled diets high in fruit and vegetables.
American Journal of Clinical Nutrition, 68, 1081–1087.

Carlton, P. S., Kresty, L. A., Siglin, J. C., Morse, M. A., Lu, J., Morgan, C., y Stoner, G. D. (2001). Inhibition of N-nitrosomethylbenzylamine-induced tumorigenesis in the rat esophagus by dietary freeze-dried strawberries. *Carcinogenesis*, 22(3), 441-446.

Carranza-Madrigal, J., Herrera-Abarca, J. E., Alvizouri-Muñoz, M., Alvarado-Jimenez, M. D. R., y Chavez-Carbajal, F. (1997). Effects of a vegetarian diet vs. a vegetarian diet enriched with avocado in hypercholesterolemic patients. *Archives of medical research*, 28(4), 537-541.

Casadesus, G., Shukitt-Hale, B., Stellwagen, H. M., Zhu, X., Lee, H. G., Smith, M. A., & Joseph, J. A. (2004). Modulation of hippocampal plasticity and cognitive behavior by short-term blueberry supplementation in aged rats. *Nutritional neuroscience*, 7(5-6), 309-316.

Caterina, M. J., Schumacher, M. A., Tominaga, M., Rosen, T. A., Levine, J. D., & Julius, D. (1997). The capsaicin receptor: a heat-activated ion channel in the pain pathway. *Nature*, 389(6653), 816-824.

Cerhan, J. R., Saag, K. G., Merlino, L. A., Mikuls, T. R., & Criswell, L. A. (2003). Antioxidant micronutrients and risk of rheumatoid arthritis in a cohort of older women. *American journal of epidemiology*, 157(4), 345-354.

Champ, M., Langkilde, A.M., Brouns, F., Kettlitz B., y Le Bail Collet, Y. (2003). Advances in dietary fiber characterisation. Definition of dietary fiber, physiological relevance, health benefits and analytical aspects. *Nutrition Research Reviews*, 16, 71–82.

Chan, A.T., Giovannucci, E.L., Meyerhardt, J.A., Schernhammer, E.S., Curhan, G.C., et al. (2005). Longterm use of aspirin and nonsteroidal anti-inflammatory drugs and risk of colorectal cancer. *Journal of the American Medical Association*, 294, 914–923.

Chen, M. F., Chen, L. T., y Boyce, H. W. (1995). Cruciferous vegetables and glutathione: their effects on colon mucosal glutathione level and colon tumor development in rats induced by DMH. *Nutrition and cancer*, 23(1), 77–83.

Christen, W. G., Liu, S., Schaumberg, D. A., y Buring, J. E. (2005). Fruit and vegetable intake and the risk of cataract in women2. *The American journal of clinical nutrition*, 81(6), 1417-1422.

Corral-Aguayo, R., Yahia, E. M., Carrillo-López, A., y González-Aguilar, G. (2008). Correlation between some nutritional components and the total antioxidant capacity measured with six different assays in eight horticultural crops. *Journal of Agricultural and Food Chemistry*, 56(22), 10498–10504.

Crowell, P. L., y Gould, M. N. (1994). Chemoprevention and therapy of cancer by d-limonene. *Critical Reviews in Oncogenesis*, 5(1), 1–22.

Cummings, J. H. (1997). *The large intestine in nutrition and disease*. Institute Danone.

Curry, E. A. (1997). Effect of postharvest handling and storage on apple nutritional status using antioxidants as a model. *HortTechnology*, 7(3), 240–243.

Czepa, A., y Hofmann, T. (2004). Quantitative studies and sensory analyses on the influence of cultivar, spatial tissue distribution, and industrial processing on the bitter off-taste of carrots (Daucus carota L.) and carrot products. *Journal of Agricultural and Food Chemistry*, 52(14), 4508–4514.

Das, S., Tyagi, A. K., y Kaur, H. (2000). Cancer modulation by glucosinolates. *Current Science*, 79(12), 25–30.

Dashwood, W. M., Orner, G. A., y Dashwood, R. H. (2002). Inhibition of beta-catenin/Tcf activity by white tea, green tea, and epigallocatechin-3-gallate (EGCG): Minor contribution of H_2O_2 at physiologically relevant EGCG concentrations. *Biochemical and Biophysical Research Communications*, 296(3), 584–588.

Dauchet, L., Amouyel, P., Hercberg, S., y Dallongeville, J. (2006). Fruit and vegetable consumption and risk of coronary heart disease: A meta-analysis of cohort studies. *Journal of Nutrition*, 136(10), 2588–2593.

Davis, P., y Iwahashi, C. K. (2001). Whole almonds and almond fractions reduce aberrant crypt foci in a rat model of colon carcinogenesis. *Cancer Letters*, 165(1), 27–33.

De Carvalho, E. B., Vitolo, M. R., Gama, C. M., Lopez, F. A., Taddei, J. A., y de Morais, M. B. (2006). Fiber intake, constipation, and overweight among adolescents living in São Paulo City. *Nutrition*, 22(7–8), 744–749.

De la Rosa, L. A., Alvarez-Parrilla, E., y González-Aguilar, G. A. (2010). *Fruit and vegetable phytochemicals: chemistry, nutritional value and stability*. John Wiley & Sons.

Devereux, G., y Seaton, A. (2005). Diet as a risk factor for atopy and asthma. *Journal of Allergy and Clinical Immunology*, 115(5), 1109–1117.

Di Mascio, P., Murphy, M. C., y Sies, H. (1991). Antioxidant defense systems: The role of carotenoids, tocopherols and thiols. *American Journal of Clinical Nutrition*, 53(Suppl), 194–200.

Diplock, A. T., Charleux, J. L., Crozier-Willi, G., Kok, F. J., Rice-Evans, C., Roberfroid, M., Stahl, W., y Vina-Ribes, J. (1998). Functional food science and defense against reactive oxidative species. *British Journal of Nutrition*, 80(S1), S77–S112.

Djousse, L., Hopkins, P. N., North, K. E., Pankow, J. S., Arnett, D. K., et al. (2010). Chocolate consumption is inversely associated with prevalent coronary heart disease: The National Heart, Lung, and Blood Institute Family Heart Study. *Clinical Nutrition*, 30(2), 182–187.

Dorais, M., Papadopoulos, A. P., y Gosselin, A. (2001). Greenhouse tomato fruit quality. En J. Janick (Ed.), Horticultural Reviews (Vol. 26, pp. 239–319). John Wiley & Sons.

Dosil-Díaz, O., Ruano-Ravina, A., Gestal-Otero, J. J., y Barros-Dios, J. M. (2008). Consumption of fruit and vegetables and risk of lung cancer: A case-control study in Galicia, Spain. *Nutrition*, 24(5), 407–413.

Downey, M. O., Dokoozlian, N. K., y Krstic, M. P. (2006). Cultural practice and environmental impacts on the flavonoid composition of grapes and wine: A review of recent research. *American Journal of Enology and Viticulture*, 57, 257–268.

Duthie, G. G., Duthie, S. J., y Kyle, J. A. M. (2000). Plant polyphenols in cancer and heart disease: Implications as nutritional antioxidants. *Nutrition Research Reviews*, 13(1), 79–106.

Eberhardt, M. V., Lee, C., y Liu, R. H. (2000). Antioxidant activity of fresh apples. *Nature*, 405, 903–904.

Engelhart, M., Geerlings, M., Ruitemberg, D., van Swieten, J., Hoffman, A., Wittman, J., y Breteler, M. (2002). Dietary antioxidants and risk of Alzheimer's disease. *JAMA*, 287, 3223–3229.

Engler, M. B., Engler, M. M., Chen, C. Y., Malloy, M. J., Browne, A., et al. (2004). Flavonoid-rich dark chocolate improves endothelial function and increases plasma epicatechin concentrations in healthy adults. *Journal of the American College of Nutrition*, 23, 197–204.

Erbersdobler, H. (2003). Workstoffe. En H. Erbersdobler y A. Meyer (Eds.), Praxishandbuch Functional Food (pp. 1–14). Hamburg: B. Behr's Verlag.

Fenwick, G. R., Heaney, R. K., y Mawson, R. (1989). Glucosinolates. En P. R. Cheeke (Ed.), Toxicants of Plant Origin, Vol. 2: Glycosides (p. 277). Boca Raton, FL: CRC Press.

Fitzpatrick, D. F., Hirschfield, S. L., y Coffey, R. G. (1993). Endothelium-dependent vasorelaxing activity of wine and other grape products. *American Journal of Physiology*, 265, 774–778.

Franceschi, S., Bidoli, E., La Vecchis, C., Talamini, R., D'Avanzo, B., y Negri, E. (1994). Tomatoes and risk of digestive-tract cancers. *International Journal of Cancer*, 59, 181–184.

Frankel, E. N., y Meyer, A. S. (1998). Antioxidants in grapes and grape juices and their potential health effects. *Pharmaceutical Biology*, 36, 1–7.

Frankel, E. N., Bosanek, C. A., Mayer, A. S., Silliman, K., y Kirk, L. L. (1998). Commercial grape juices inhibit the in vitro oxidation of human low-density lipoproteins. *Journal of Agricultural and Food Chemistry*, 46, 834–838.

Frankel, E. N., Waterhouse, A. L., y Kinsella, J. E. (1993). Inhibition of human LDL oxidation by resveratrol. *Lancet*, 341, 1103–1104.

Frati, A. (1992). Medical implication of prickly pear cactus. En P. Felker y J. R. Moss (Eds.), Proceedings of the Third Annual Texas Prickly Pear Council (pp. 29–34). Kingsville, TX.

Frison, S., y Sporns, P. (2002). Variation of the flavanol glycoside composition of almond seedcoats as determined by MALDI-TOF mass spectrometry. *Journal of Agricultural and Food Chemistry*, 50(23), 6818–6822.

Gandini, S., Merzenich, H., Robertson, C., y Boyle, P. (2000). Meta-analysis of studies on breast cancer risk and diet: The role of fruit and vegetable consumption and the intake of associated micronutrients. *European Journal of Cancer*, 36, 636–646.

García-Solís, P., Yahia, E. M., Morales-Tlalpan, V., y Díaz-Muñoz, M. (2009). Screening of antiproliferative effect of aqueous extracts of plant foods in Mexico on the breast cancer cell line MCF-7. *International Journal of Food Science and Nutrition*. In press.

Gazzani, G., Papetti, A., Massolini, G., y Daglia, M. (1998). Anti- and prooxidant activity of water soluble components of some common diet vegetables and the effect of thermal treatment. *Journal of Agricultural and Food Chemistry*, 46, 4118–4122.

Gerster, H. (1997). The potential role of lycopene for human health: Review article. *Journal of the American College of Nutrition*, 16, 109–126.

Ghosh, D., y Scheepens, A. (2009). Vascular action of polyphenols. *Molecular Nutrition and Food Research*, 53, 322–331.

Giovannucci, E., Ascherio, A., Rimm, E. B., Stampfer, M. J., Colditz, G. A., y Willett, W. C. (1995). Intake of carotenoids and retinol in relation to risk of prostate cancer. *Journal of the National Cancer Institute*, 87, 767–776.

Giovannucci, E., Rimm, E. B., Liu, Y., Stampfer, M. J., y Willett, W. C. (2003). A prospective study of cruciferous vegetables and prostate cancer. *Cancer Epidemiology, Biomarkers & Prevention*, 12(12), 1403–1409.

Giovannucci, E. (1999). Tomatoes, tomato-based products, lycopene, and cancer: Review of the epidemiologic literature. *Journal of the National Cancer Institute*, 91(4), 317–331.

Goldberg, I. (1994). Introduction. En I. Goldberg (Ed.), Functional Foods: Designer Foods, Pharmafoods, Nutraceuticals (pp. 1–16). New York: Chapman and Hall.

González Matarín, P. J. (2020, diciembre 27). Los fitoquímicos. Meer. https://www.meer.com/es/63600-los-fitoquimicos

Gregorieff, A., y Clevers, H. (2005). Wnt signaling in the intestinal epithelium: From endoderm to cancer. *Genes and Development*, 19, 877–890.

Gross, J. (1987). *Pigments in Fruits*. London: Academic Press.

Grube, B. J., Eng, E. T., Yeh, C. K., Kwon, A., y Shiuan, C. (2001). White button mushroom phytochemicals inhibit aromatase activity and breast cancer cell proliferation. *Journal of Nutrition*, 131, 3288–3293.

Hamer, M., y Chida, Y. (2007). Intake of fruit, vegetables, and antioxidants and risk of type 2 diabetes: Systematic review and meta-analysis. *Journal of Hypertension*, 25(12), 2361–2369.

Hansen, L., y Boll, P. M. (1986). Polyacetylenes in Araliaceae: Their chemistry, biosynthesis and biological significance. *Phytochemistry*, 25, 285–293.

Hatono, S., Jimenez, A., y Wargovich, M. J. (1996). Chemopreventive effect of S-allylcysteine and its relationship to the detoxification enzyme glutathione S-transferase. *Carcinogenesis*, 17, 1041–1044.

Heinonen, I. M., Meyer, A. S., y Frankel, E. N. (1998). Antioxidant activity of berry phenolics on human low-density lipoprotein and liposome oxidation. *Journal of Agricultural and Food Chemistry*, 46, 4107–4112.

Helbock, H. J., Beckman, K. B., Shigenaga, M. K., Walter, P. B., Woodall, A. A., et al. (1998). DNA oxidation matters: The HPLC-electrochemical detection assay of 8-oxo-deoxyguanosine and 8-oxo-guanine. *Proceedings of the National Academy of Sciences USA*, 95, 288–293.

Hirayama, T. (1990). *Lifestyle and Mortality*. Contributions to Epidemiology and Biostatistics (Vol. 6). Basel, Switzerland: Karger.

Hodgson, J. M., y Croft, K. D. (2010). Tea flavonoids and cardiovascular health. *Molecular Aspects of Medicine*, 31(6), 495–502.

Howard, L. R., Talcott, S. T., Brenes, C. H., y Villalon, B. (2000). Changes in phytochemical and antioxidant activity of selected pepper cultivars (Capsicum species) as influenced by maturity. *Journal of Agricultural and Food Chemistry*, 48, 1713–1720.

Huet, R. (1982). Constituents of citrus fruits with pharmacodynamic effects: Citroflavonoids. *Fruits*, 37, 267–271.

Hufnagel, J. C., y Hofmann, T. (2008). Orosensory-directed identification of astringent mouth feel and bitter-testing compounds in red wine. *Journal of Agricultural and Food Chemistry*, 56, 1376–1386.

Hussain, S. P., Hofseth, L. J., y Harris, C. C. (2003). Radical causes of cancer. *Nature Reviews Cancer*, 3, 276–285.

Hyson, D. A., Scheeman, B. O., y Davis, P. A. (2002). Almonds and almond oil have similar effects on plasma lipid and LDL oxidation in healthy men and women. *Journal of Nutrition*, 132(4), 703–707.

International Agency for Research on Cancer (IARC). (2003). *Fruit and Vegetables*. Lyon: IARC Press.
Jajoo, R., Song, L., Rasmussen, H., Harris, S., y Dawson-Hughes, B. (2006). Dietary acid-base balance, bone resorption and calcium excretion. *Journal of Nutrition*, 25, 223–230.

Jenkins, D. J., Hu, F. B., Tapsell, L. C., Josse, A. R., y Kendall, C. W. (2008). Possible benefit of nuts in type 2 diabetes. *Journal of Nutrition*, 138(9), 1752S–1756S.

Johnson, I., Williamson, G., y Musk, S. (1994). Anticarcinogenic factors in plant foods: A new class of nutrients?. *Nutrition Research Reviews*, 7, 175–204.

Johnson, I. T. (2001). Mechanisms and possible anticarcinogenic effects of diet related apoptosis in colorectal mucosa. *Nutrition Research Reviews*, 14, 229–256.

Jones, D. P., Coates, R. J., Flagg, E. W., Eley, J. W., Block, G., Greenberg, R. S., Gunter, E. W., y Jackson, B. (1992). Glutathione in foods listed in the National Cancer Institute's health habits and history food frequency questionnaire. *Nutrition and Cancer*, 17(1), 57–75.

Joseph, J., Shukitt-Hale, B., Casadesus, G., y Fisher, D. (2005). Oxidative stress and inflammation in brain aging: Nutritional considerations. *Neurochemical Research*, 30, 927–935.

Kahkonen, M. P., Hopia, A. I., Vurela, H. J., Rauha, J.-P., Pihlaja, K., Kujala, T. S., y Heinon, M. (1999). Antioxidant activity of plant extracts containing phenolic compounds. *Journal of Agricultural and Food Chemistry*, 47, 3954–3962.

Kalt, W., Forney, C. F., Martin, A., y Prior, R. L. (1999). Antioxidant capacity, vitamin C, and anthocyanins after fresh storage of small fruits. *Journal of Agricultural and Food Chemistry*, 47, 4638–4644.

Kanazawa, K., y Sakakibara, H. (2000). High content of dopamine, a strong antioxidant, in Cavendish banana. *Journal of Agricultural and Food Chemistry*, 48, 844–848.

Kang, J., Ascherio, A., y Grodstein, F. (2005). Fruit and vegetable consumption and cognitive decline in aging women. *Annals of Neurology*, 58, 713–720.

Karin, M., Cao, Y., Greten, F. R., y Li, Z. W. (2002). NF-kappaB in cancer: From innocent bystander to major culprit. *Nature Reviews Cancer*, 2, 301–310.

Kotake-Nara, E., Kushiro, M., Hong, Z., Sugawara, T., Miyashita, K., y Nagao, A. (2001). Carotenoids affect proliferation of human prostate cancer cells. *Journal of Nutrition*, 131(12), 3303–3306.

Krinsky, N. I., y Yeum, K. J. (2003). Carotenoid-radical interactions. *Biochemical and Biophysical Research Communications*, 305, 754–760.

Kris-Etherton, P. M., Hu, F. B., Ros, E., y Sabaté, J. (2008). The role of tree nuts and peanuts in the prevention of coronary heart disease: Multiple potential mechanisms. *Journal of Nutrition*, 138(9), 1746S–1751S.

Lam, L. K. T., Zhang, J., y Hasegawa, S. (1994). Citrus limonoid reduction of chemically induced tumorigenesis. *Food Technology*, November 1994, 104–108.

Lanham-New, S. (2006). Fruits and vegetables: The unexpected natural answer to the question of osteoporosis prevention?. *American Journal of Clinical Nutrition*, 83, 1254–1255.

Larrauri, J. A., Ruperez, P., y Galixto, F. S. (1997). Pineapple shell as a source of dietary fiber with associated polyphenols. *Journal of Agricultural and Food Chemistry*, 45, 4028–4031.

Lau, F., Shukitt-Hale, V., y Joseph, J. (2005). The beneficial effects of fruit polyphenols on brain aging. *Neurobiology of Aging*, 26(5 Suppl), S128–S132.

Laval-Martin, D., Quennement, J., y Moneger, R. (1975). Pigment evolution in Lycopersicon esculentum fruits during growth and ripening. *Phytochemistry*, 14, 2357–2362.

Lea, A. G. H. (1992). Flavor, color and stability in fruit products: The effect of polyphenols. En R. W. Hemingway & P. E. Leaks (Eds.), Plant Polyphenols (pp. 827–847). New York: Plenum Press.

Lee, K. W., Kim, W. J., Kim, D. O., Lee, H. J., y Lee, C. Y. (2003). Major phenolics in apples and their contribution to the total antioxidant capacity. *Journal of Agricultural and Food Chemistry*, 51, 6516–6520.

Leikert, J. F., Rathel, T. R., Wohlfart, P., Cheynier, V., Vollmar, A. M., et al. (2002). Red wine polyphenols enhance endothelial nitric oxide synthase expression and subsequent nitric oxide release from endothelial cells. *Circulation*, 106, 1614–1617.

Leontowicz, M., Gorinstein, S., Leontowicz, H., Krzeminski, R., Lojek, A., et al. (2003). Apple and pear peel and pulp and their influence on plasma lipids and antioxidant potentials in rats fed cholesterol-containing diets. *Journal of Agricultural and Food Chemistry*, 51, 5780–5785.

Li, S., Pan, M.-H., Lo, C.-Y., Tan, D., Wang, Y., Shahidi, F., y Ho, C.-T. (2009). Chemistry and health effects of polymethoxyflavones and hydroxylated polymethoxyflavones. *Journal of Functional Foods*, 1, 2–12.

Liang, Y. C., Huang, Y. T., Tsai, S. H., Lin-Shiau, S. Y., Chen, C. F., et al. (1999). Suppression of inducible cyclooxygenase and inducible nitric oxide synthase by apigenin and related flavonoids in mouse macrophages. *Carcinogenesis*, 20, 1945–1952.

Liang, Y. C., Tsai, S. H., Tsai, D. C., Lin-Shiau, S. Y., y Lin, J. K. (2001). Suppression of inducible cyclooxygenase and nitric oxide synthase through activation of peroxisome proliferator-activated receptor-gamma by flavonoids in mouse macrophages. *FEBS Letters*, 496, 12–18.

Linseisen, J., Rohrmann, S., Miller, A. B., Bueno-de-Mesquita, H. B., Büchner, F. L., et al. (2007). Fruit and vegetable consumption and lung cancer risk: Updated information from the European Prospective Investigation into Cancer and Nutrition (EPIC). *International Journal of Cancer*, 121(5), 1103–1114.

Liu, R. H., Liu, J., y Chen, B. (2005). Apples prevent mammary tumors in rats. *Journal of Agricultural and Food Chemistry*, 53, 2341–2343.

Liu, R. H. (2004). Potential synergy of phytochemicals in cancer prevention: Mechanism of action. *Journal of Nutrition*, 134, 3479S–3485S.

Lotito, S. B., y Frei, B. (2004). The increase in human plasma antioxidant capacity after apple consumption is due to the metabolic effect of fructose on urate, not apple-derived antioxidant flavonoids. *Free Radical Biology and Medicine*, 37, 251–258.

Macheix, J. J., Fleuriet, A., y Billot, J. (1990). *Fruit Phenolics*. Boca Raton, FL: CRC Press.

Mahattanatawe, K., Manthey, J. A., Luzio, G., Talcott, S. T., Goodner, K., y Baldwin, E. A. (2006). Total antioxidant activity and fiber content of select Florida-grown tropical fruits. *Journal of Agricultural and Food Chemistry*, 54, 7355–7363.

Mazza, G. (1998). *Functional Foods*. Pennsylvania: Technomic.

McGraw, K. J., y Ardia, D. R. (2003). Carotenoids, immunocompetence, and the information content of sexual colors: An experimental test. *American Naturalist*, 162, 704–712.

Mei, X., Wang, M. L., Xu, H. X., Pan, X. Y., Gao, C. Y., Han, N., y Fu, M. Y. (1982). Garlic and gastric cancer. I. The influence of garlic on the level of nitrate and nitrite in gastric juice. *Acta Nutrimenta Sinica*, 4, 53–56.

Mejia, L. A., Hudson, E., Gonzalez, E., y Vazquez, F. (1988). Carotenoid content and vitamin A activity of some common cultivars of Mexican peppers (Capsicum annuum) as determined by HPLC. *Journal of Food Science*, 53, 1448–1451.

Mercadante, A. Z., Rodriguez-Amaya, D. B., y Britton, G. (1997). HPLC and mass spectrometric analysis of carotenoids from mango. *Journal of Agricultural and Food Chemistry*, 45, 120–123.

Millburry, P., Chen, C.-Y., Kwak, H.-K., y Blumberg, J. (2002). Almond skins polyphenolics act synergistically with alpha-tocopherol to increase the resistance of low-density lipoproteins to oxidation. *Free Radical Research*, 36(1 Suppl), 78–80.

Miller, N. J., y Rice-Evans, C. A. (1997). The relative contributions of ascorbic acid and phenolic antioxidants to the total antioxidant activity of orange and apple fruit juices and blackcurrant drinks. *Food Chemistry*, 60, 331–337.

Minguez-Mosquera, M. I., y Hornero-Mendez, D. (1994). Comparative study of the effect of paprika processing on the carotenoids in peppers (Capsicum annuum) of the Bola and Agridulce varieties. *Journal of Agricultural and Food Chemistry*, 42, 1555–1560.

Moeller, S., Taylor, A., Tucker, K., McCullogh, M., Chylack, L., Hankinson, S., Willet, W., y Jacques, P. (2004). Overall adherence to the Dietary Guidelines for Americans is associated with reduced prevalence of early age-related nuclear lens opacities in women. *Journal of Nutrition*, 134, 1812–1819.

Mori, K., Toyomasu, T., Nanba, H., y Kuroda, H. (1987). Antitumor action and fruit bodies of edible mushrooms orally administered to mice. *Mushroom Journal of Tropics*, 7, 121–126.

Morse, M., LaGreca Amin, S., y Chung, F. (1990). Effects of Indole-3-Carbinol on lung tumorigenesis and DNA methylation induced by 4-(Methylnitrosamino)-1-(3-Pyridyl)-1-butanone (NNK), and on the metabolism and disposition of NNK in A/J mice. *Cancer Research*, 50(9), 2613–1617.

Ness, A., y Powles, J. W. (1997). Fruit and vegetables, and cardiovascular disease: A review. *International Journal of Epidemiology*, 26, 1–13.

Nettleton, J. A., Steffen, L. M., Ni, H., Liu, K., y Jacobs, D. R. Jr. (2008). Dietary patterns and risk of incident type 2 diabetes in the Multi-Ethnic Study of Atherosclerosis (MESA). *Diabetes Care*, 31(9), 1777–1782.

O'Leary, K. A., de Pascual-Tereasa, S., Needs, P. W., Bao, Y. P., O'Brien, N. M., et al. (2004). Effect of flavonoids and vitamin E on cyclooxygenase-2 (COX-2) transcription. *Mutation Research*, 551, 245–254.

Okabo, H., Sasaki, S., Horiguchi, H., Oguma, E., Miyamoto, K., Hosoi, Y., Kim, M., y Kayama, F. (2006). Dietary patterns associated with bone mineral density in premenopausal Japanese farmwomen. *American Journal of Nutrition*, 83(5), 1185–1192.

Olmedilla, B., Granado, F., Southon, S., Wright, A. J. A., Blanco, I., Gil-Martinez, E., Berg, H., Corridan, B., Roussel, A. M., Chopra, M., y Thurnham, D. I. (2001).

Serum concentrations of carotenoids and vitamins A, E, and C in control subjects from five European countries. *British Journal of Nutrition*, 85(2), 227–238.

Park, E. H., Kahng, J. H., y Paek, E. A. (1998). Studies on the pharmacological actions of cactus: Identification of its anti-inflammatory effect. *Archives of Pharmaceutical Research*, 21(1), 30–34, 63.

Park, C. H., Chang, J. Y., Hahm, E. R., Park, S., Kim, H. K., et al. (2005). Quercetin, a potent inhibitor against beta-catenin/Tcf signaling in SW480 colon cancer cells. *Biochemical and Biophysical Research Communications*, 328, 227–234.

Patel, B., Welch, A., Bingham, S., Luben, R., Day, N., Khaw, K., Lomas, D., y Wareham, N. (2006). Dietary antioxidants and asthma in adults. *Thorax*, 61, 388–393.

Pattison, D., Symmons, D., Lunt, M., Welch, A., Birngham, S., Day, N., y Silman, A. (2005). Dietary β-cryptoxanthin and inflammatory polyarthritis: Results from population-based prospective study. *American Journal of Clinical Nutrition*, 82, 451–455.

Pinent, M., Blay, M., Bladé, M. C., Salvadó, M. J., Arola, L., y Ardèvol, A. (2004). Grape seed-derived procyanidins have an antihyperglycemic effect in streptozotocin-induced diabetic rats and insulinomimetic activity in insulin-sensitive cell lines. *Endocrinology*, 145(11), 4985–4990.

Plumb, G. W., Chambers, S. J., Lambert, N., Bartolome, B., Heaney, R. K., Wangatunga, S., Aruoma, O. I., Halliwell, B., y Williamson, G. (1996). Antioxidant actions of fruit, herb and spice extracts. *Journal of Food Lipids*, 3, 171–178.

Plumb, G. W., Price, K. R., Rhodes, M. J. C., y Williamson, G. (1997). Antioxidant properties of the major polyphenolic compounds in broccoli. *Free Radical Research*, 27, 429–435.

Poulsen, H. E., Jensen, B. R., Weimann, A., Jensen, S. A., Sorensen, M., et al. (2000). Antioxidants, DNA damage and gene expression. *Free Radical Research*, 33(Suppl), S33–S39.

Prior, R. L., y Cao, G. (2000). Antioxidant phytochemicals in fruits and vegetables: Diet and health implications. *HortScience*, 35, 588–592.

Pryne, C., Mishra, G., O'Connell, M. A., Muniz, G., Laskey, M. A., Yan, L., Prentice, A., y Ginty, F. (2006). Fruit and vegetable intakes and bone mineral status: A cross-sectional study in 5 age and sex cohorts. *American Journal of Clinical Nutrition*, 83, 1420–1428.

Radhika, G., Sudha, V., Mohan Sathya, R., Ganesan, A., y Mohan, V. (2008). Association of fruit and vegetable intake with cardiovascular risk factors in urban south Indians. *British Journal of Nutrition*, 99(2), 398–405.

Raicht, R. F., Cohen, B. I., Fazzini, E. P., Sarwal, A. N., y Takahashi, M. (1980). Protective effect of plant sterols against chemically induced colon tumors in rats. *Cancer Research*, 40, 403–405.

Reddy, B. S., Mori, H., y Nicolais, M. (1981). Effect of dietary wheat bran and dehydrated citrus fiber on azoxymethane-induced intestinal carcinogenesis in Fischer 344 rats. *Journal of the National Cancer Institute*, 66, 553–557.

Ribaya-Mercado, J. D., Garmyn, M., Gilchrest, B. A., y Russel, R. M. (1995). Skin lycopene is destroyed preferentially over β-carotene during ultraviolet irradiation in humans. *Journal of Nutrition*, 125, 1854–1859.

Rissanen, T. H., Voutilainen, S., Virtanen, J. K., Venho, B., Vanharanta, M., Mursu, J., y Salonen, J. T. (2003). Low intake of fruit, berries and vegetables is associated with excess mortality in men: The Kuopio Ischaemic Heart Disease Risk Factor (KIHD) Study. *Journal of Nutrition*, 133, 199–204.

Robards, K., Prenzler, P. D., Tucker, G., Swatsitang, P., y Glover, W. (1999). Phenolic compounds and their role in oxidative processes in fruits. *Food Chemistry*, 66, 401–436.

Roberts, M. F., & Wink, M. (1998). *Alkaloids: Biochemistry, Ecological Functions and Medical Applications*. New York: Plenum Press.

Rodriguez-Saona, L. E., Giusti, M. W., y Wrolstad, R. E. (1998). Anthocyanin pigment composition of red-fleshed potatoes. *Journal of Food Science*, 63, 458–465.

Romieu, I., Varraso, R., Avenel, V., Leynaert, B., Kauffman, F., y Clavel-Chapelon, F. (2006). Fruit and vegetable intakes and asthma in the E3N study. *Thorax*, 61, 209–215.

Rouseff, R. L., y Nagy, S. (1994). Health and nutritional benefits of citrus fruit components. *Food Technology*, 125–130.

Rowland, I. (1999). Optimal nutrition: Fibre and phytochemicals. *Proceedings of the Nutrition Society*, 58, 415–419.

Salisbury, F. B., y Cleon, W. R. (1991). *Plant Physiology* (4th ed.). Belmont, CA: Wadsworth Publishing.

Sang, S., Kikuzaki, H., Lapsley, K., Rosen, R. T., Nakatani, N., y Ho, C. T. (2002). Sphingolipid and other constituents from almond nuts (Prunus amygdalus Batsch). *Journal of Agricultural and Food Chemistry*, 50, 4709–4712.

Sarkar, D., Sharma, A., y Talukder, G. (1994). Chlorophyll and chlorophyllin as modifiers of genotoxic effects. *Mutation Research*, 318(3), 239–247.

Schwartz, S. H., Tan, B. C., Gage, D. A., Zeevaart, J. A. D., y McCarty, D. R. (1997). Specific oxidative cleavage of carotenoids by vp14 of maize. *Science*, 276, 1872–1874.

Serrano, M., Guillen, F., Martinez-Romero, D., Castillo, S., y Valero, D. (2005). Chemical constituents and antioxidant activity of sweet cherry at different ripening stages. *Journal of Agricultural and Food Chemistry*, 53, 2741–2745.

Shi, J., y Le Maguer, M. (2000). Lycopene in tomatoes: Chemical and physical properties affected by food processing. *Critical Reviews in Food Science and Nutrition*, 40(1), 1–42.

Shukitt-Hale, B., Carey, A., Simon, L., Mark, D., y Joseph, J. (2006). Effect of Concord grape juice on cognitive motor deficits in aging. *Nutrition*, 22, 295–302.

Spencer, J., y Rice-Evans, C. (2004). Flavonoids: Antioxidants or signaling molecule?. *Free Radical Biology and Medicine*, 36, 838–849.

Smith, T. K., Mithen, R., y Johnson, I. T. (2003). Effects of Brassica vegetable juice on the induction of apoptosis and aberrant crypt foci in rat colonic mucosal crypts in vivo. *Carcinogenesis*, 24, 491–495.

Speer, B. R. (1997). *Photosynthetic pigments*. UCMP Glossary. University of California Museum of Paleontology.

Stahl, W., y Sies, H. (1996). Lycopene: A biologically important carotenoid for humans?. *Archives of Biochemistry and Biophysics*, 336, 1–9.

Stavric, B. (1994). Role of chemopreventers in human diet. *Clinical Biochemistry*, 27(5), 319–332.

Steinmetz, K. A., y Potter, J. D. (1996). Vegetables, fruit and cancer prevention: A review. *Journal of the American Dietetic Association*, 96, 1027–1039.

Steinmetz, K. A., y Potter, J. D. (1991). Vegetables, fruit, and cancer. I. Epidemiology. *Cancer Causes and Control*, 2, 325–357.

Stoewsand, G. S. (1995). Bioactive organosulfur phytochemicals in Brassica oleracea vegetables: A review. *Food and Chemical Toxicology*, 33(6), 537–543.

Strack, D., Vogt, T., y Schliemann, W. (2003). Recent advances in betalain research. *Phytochemistry*, 62(3), 247–269.

Sugie, S., Okumura, A., Tanaka, T., y Mori, H. (1993). Inhibitory effects of benzylisothiocyanate and benzylthiocyanate on diethylnitrosamine-induced hepatocarcinogenesis in rats. *Japanese Journal of Cancer Research*, 84, 865–870.

Suzuki, S., Takada, T., Sugawara, Y., Muto, T., y Kominami, R. (1991). Quercetin induces recombinational mutations in cultured cells as detected by DNA fingerprinting. *Japanese Journal of Cancer Research*, 82(10), 1061–1064.

Svendsen, M., Blomhoff, R., Holme, I., y Tonstad, S. (2007). The effect of an increased intake of vegetables and fruit on weight loss, blood pressure and antioxidant defense in subjects with sleep related breathing disorders. *European Journal of Clinical Nutrition*, 61(11), 1301–1311.

Terry, P., Giovannucci, E., Michels, K. B., Bergkvist, L., Hansen, H., Holmberg, L., y Wolk, A. (2001). Fruit, vegetables, dietary fiber, and risk of colorectal cancer. *Journal of the National Cancer Institute*, 93(7), 525–533.

Thomas, S. G., Rieu, I., y Steber, C. M. (2005). Gibberellin metabolism and signaling. *Vitamins & Hormones*, 72, 289–338.

Thompson, R. S., Jaques, D., Haslam, E., y Tanner, R. J. N. (1972). Plant proanthocyanidins. Part 1. *Journal of the Chemical Society*, 1837–1841.

Tsugane, S., Tsuda, M., Gey, F., y Watanabe, S. (1992). Cross-sectional study with multiple measurements of biological markers for assessing stomach cancer risks at the population level. *Environmental Health Perspectives*, 98, 207–210.

Vatanparast, H., Baxter-Jones, A., Faulkner, R., Baile, D., y Whiting, S. (2005). Positive effects of vegetable and fruits consumption and calcium intake on bone mineral accrual in boys during growth from childhood to adolescence: The University of Saskatchewan Pediatric Bone Mineral Accrual Study. *American Journal of Clinical Nutrition*, 82, 700–706.

Velioglu, Y. S., Mazza, G., Gao, L., y Oomah, D. B. (1998). Antioxidant activity and total phenolics in selected fruits, vegetables, and grain products. *Journal of Agricultural and Food Chemistry*, 46, 4113–4117.

Verhagen, H., Poulsen, H. E., Loft, S., Van-Poppel, G., Willems, M. I., y Van-Bladeren, P. J. (1995). Reduction of oxidative DNA-damage in humans by Brussels sprouts. *Carcinogenesis*, 16(4), 969–970.

Vinson, J. A., Hao, Y., Su, X., y Zubik, L. (1998). Phenol antioxidant quantity and quality in foods: Vegetables. *Journal of Agricultural and Food Chemistry*, 46, 3630–3634.

Vioque, J., Weinbrenner, T., Castelló, A., Asensio, L., y Garcia de la Hera, M. (2008). Intake of fruits and vegetables in relation to 10-year weight gain among Spanish adults. *Obesity*, 16(3), 664–670.

Virtanen, A. I., y Matikkala, E. J. (1959). The isolation of S-methylcysteinesulfoxide and S-propylcysteinesulfoxide from onion (Allium cepa) and the antibiotic activity of crushed onion. *Acta Chemica Scandinavica*, 13, 1898–1900.

Walda, I., Tabak, C., Smith, H., Rasanen, L., Fidanza, F., et al. (2002). Diet and 20-year chronic obstructive pulmonary disease mortality in middle-aged men from three European countries. *European Journal of Clinical Nutrition*, 56, 638–643.

Wang, H., Cao, G., y Prior, R. L. (1996). Total antioxidant capacity of fruits. *Journal of Agricultural and Food Chemistry*, 44, 701–705.

Wang, S. Y., Feng, R., Lu, Y., Bowman, L., y Ding, M. (2005). Inhibitory effect on activator protein-1, nuclear factor-kappaB, and cell transformation by extracts of strawberries (Fragaria × ananassa Duch.). *Journal of Agricultural and Food Chemistry*, 53, 4187–4193.

Watson, L., Margetts, B., Howarth, P., Dorwarth, M., Thompson, R., y Little, P. (2002). The association between diet and chronic obstructive pulmonary disease in subjects selected from general practice. *European Respiratory Journal*, 20, 313–318.

Wattenberg, L. W., y Loub, W. D. (1978). Inhibition of polycyclic aromatic hydrocarbon–induced neoplasia by naturally occurring indoles. *Cancer Research*, 38, 1410–1413.

Wattenberg, L. W. (1975). Effects of dietary constituents on the metabolism of chemical carcinogens. *Cancer Research*, 35(11), 3326–3331.

Wattenberg, L. W., Hanley, A. B., Barany, G., Sparnins, V. L., Lam, L. K., et al. (1985). Inhibition of carcinogenesis by some minor dietary constituents. *Princess Takamatsu Symposium*, 16, 193–203.

Whanger, P. D., Ip, C., Polan, C. E., Uden, P. C., y Welbaum, G. (2000). Tumorigenesis, metabolism, speciation, bioavailability, and tissue deposition of selenium in selenium-enriched ramps (Allium tricoccum). *Journal of Agricultural and Food Chemistry*, 48(11), 5723–5730.

Wikramanayake, A. H., Hong, M., Lee, P. N., Pang, K., Byrum, C. A., et al. (2003). An ancient role for nuclear beta-catenin in the evolution of axial polarity and germ layer segregation. *Nature*, 426, 446–450.

Wink, M., y Van Wyk, B. E. (2008). Mind-altering and Poisonous Plants of the World. Portland, OR: Timber Press.

Winter, J., Bevan, S., y Campbell, E. A. (1995). Capsaicin and pain mechanisms. *British Journal of Anaesthesia*, 75, 157–116.

Yahia, E. M., Brecht, J. K. (2009). Tomato. En D. Rees, G. Farrell, y J. E. Orchard (Eds.), Crop Postharvest: Science and Technology (Vol. 3). Oxford: Wiley-Blackwell. In press.

Yahia, E. M., Ornelas-Paz, J. J., y Gardea, A. (2006). Extraction, separation and partial identification of Ataulfo mango fruit carotenoids. *Acta Horticulturae*, 712, 333–338.

Yahia, E. M. (2009). Prickly pear. En D. Rees, G. Farrell, & J. E. Orchard (Eds.), Crop Postharvest: Science and Technology (Vol. 3, Chapter 13). Oxford: Wiley-Blackwell. In press.

Yahia, E. M. (2009). Avocado. En D. Rees, G. Farrell, y J. E. Orchard (Eds.), Crop Postharvest: Science and Technology (Vol. 3, Chapter 8). Oxford: Wiley-Blackwell. In press.

Yin, M. J., Yamamoto, Y., y Gaynor, R. B. (1998). The anti-inflammatory agents aspirin and salicylate inhibit the activity of I (kappa) B kinase-beta. *Nature*, 396, 77–80.

Zidorn, C., Johrer, K., Ganzera, M., Schubert, B., Sigmund, E. M., Mader, J., Greil, R., Ellmerer, E. P., y Stuppner, H. (2005). Polyacetylenes from the Apiaceae vegetables carrot, celery, fennel, parsley, and parsnip and their cytotoxic activities. *Journal of Agricultural and Food Chemistry*, 53, 2518–2523.

Ziegler, R. G., Blot, W. J., Hoover, R., Blattner, W. A., y Fraumeni, J. F. Jr. (1981). Protocol for a study of nutritional factors and the low risk of colon cancer in Southern retirement areas. *Cancer Research*, 41, 3724–3726.

www.ingramcontent.com/pod-product-compliance
Lightning Source LLC
LaVergne TN
LVHW022313200926
848481LV00004B/1312
* 9 7 9 8 8 9 9 6 6 3 7 4 1 *